经典品读

图文版

江丽思◎译注　孔庆东◎主编

孝经

吉林文史出版社

图书在版编目（CIP）数据

孝经 / 江丽思译注. -- 长春：吉林文史出版社，
2018.4
（国学经典系列 / 孔庆东主编）
ISBN 978-7-5472-4971-0

Ⅰ. ①孝… Ⅱ. ①江… Ⅲ. ①家庭道德－中国－古代
②《孝经》－译文③《孝经》－注释 Ⅳ. ①B823.1

中国版本图书馆CIP数据核字(2018)第058575号

XIAOJING
孝 经

译　　注	江丽思
主　　编	孔庆东
总 策 划	马泳水
责任编辑	吴　枫　孙佳琪
装帧设计	中易汇海
开　　本	880mm × 1230mm　1/32
印　　张	9.5　　字数：170千字
版　　次	2018年9月第1版
印　　次	2018年9月第1次印刷
出　　版	吉林文史出版社
地　　址	长春市人民大街4646号　邮编130021
印　　刷	北京欣睿虹彩印刷有限公司

ISBN 978-7-5472-4971-0　　定　价：39.80元

序

古人说："刚日读经，柔日读史。"本来说的是什么时间读什么书，从侧面看来，我们的前辈多么勤奋，每日读书，并不留空闲。

在一个号召"全民阅读"的时代，如何阅读，阅读什么，成为新常态下的新课题。数千年来的文化传统和我们祖先的经验告诉我们，那就是"阅读经典"。这套"品读经典"丛书，其旨趣、其志向，大概就是"打通"这样一个目标。

我也经常说，只有阅读经典著作，建立了平衡的知识结构，才能做到"风吹不昏，沙打不迷"。

古人又说，一日不读书，心源如废井。

在我看来，读书应该是日常生活的组成部分，就像呼吸空气那样。

我在北大附属实验学校的一次报告会上曾经谈过，要读书，读好书，也只有那些有独创思想的著作才能称为"书"，才可能成为经典。

经典书，也就是我们常说的"真正的书"，它应具有独特性、原创性、思想性。独特性就是与众不同，是自己独立思考的东西；原创性就是"我手写我心"；思想性就是必须加入自己个体的思考。

另外，经典书均为文史哲范围，因为这些书属于上游书，其思想辐射至其他专业。今天我们有几百个专业，它们并不是在一个平面上展开的。

我们要每天读点儿书，滋润自己的心灵。读书不是立竿见影之事，不能立马改变生活，它是个慢功夫。几天不读好像没什么，其实你已经落后了，而当你水平提高了又不容易下去。

对于个人来讲，我们把学到的知识用到实践当中，用到一点儿就足够我们享用一辈子了。表里不一对于国家来说是毁国家前途，对于个人来说是毁自己前途。很多人总是发明新道理，但是我觉得旧道理够用。

知道了之后再实践了，这才是真正的读书人。

古人言："读万卷书，行万里路。"

"读万卷书"是前提，"行万里路"是实践，把知识实际地运用。孔子讲的"忠、恕、仁"这几个概念，你能把它实践好就很不错了，懂了这些道理你读书就很快乐。有了这种精神状态之后，你就会持一个乐观的心态。读书最后还是为了自己，使自己成为一个乐观快活的人，让自己活在这个世界上特别有劲。

我们既要"行万里路"，也要"读万卷书"，更要读好书，读经典书。

著名学者汤一介先生说，一本好的经典，"可以启迪人们的思考，同时也告诉我们应该重视经典"，面对先贤的智慧，面对我们两千余年来的诸子百家、孔孟老庄，"我们必须谦虚，向经典学习"，也许这正是"品读经典"丛书出版的意义。

前言

中国的古书浩如烟海，如果说让我们从这浩瀚的书海中评选出一部字数最少、内容最浅显，而影响最大、争议最多的著作的话，那毫无疑问要数《孝经》了。

《孝经》这部书，据说是曾子问孝于孔子，退而和学生们讨论研究，由学生们记录而成的。吕维祺《孝经或问》中称："孝经为何而作也？曰，以阐发明王以孝治天下之大经大法而作也。"《汉书·艺文志》上说："夫孝，天之经，地之义，民之行也，举大者言，故曰孝经。"可以说，《孝经》是自古以来社会上奉为圭臬，人人所应遵守的德目，是"传之百世而不衰"的名著。

《孝经》一书，全文共十八章，作者将社会上各阶层的人士——上自帝王将相，下至平民百姓，分为五个层级，就每个人的地位与职业，标示出其实践孝亲的法则与途径。《孝经》是自古以来读书人必读的一本书，被列为"十三经"之一。历史上仅为《孝经》注疏解译的就达500家之多。更有甚者，大唐皇帝唐玄宗为了弘扬《孝经》思想亲自为之注解、作序，并以俊逸的隶书写出来，令人刻于石碑之上，以流传后世。

《孝经》文义浅白，总字数不过一千八百余言，可是，两千年来却得到上至帝王将相、下至黎民百姓的广为传习和倍加尊崇，影响所及，远至异族异国。《孝经》是一部充满人生智慧的奇书，是一部承载中华民族传统美德的经典之作。

为弘扬中华民族的优秀文化遗产，编者特意在本书的附录中编选了其他相关传统著作，唯愿读者开卷有益！

——《品读经典》编委会

目　录

开宗明义章第一

原文

仲尼居，曾子侍。

子曰:“先王有至德要道，以顺天下，民用和睦，上下无怨，汝知之乎？”

曾子避席曰：“参不敏，何足以知之。”

子曰：“夫孝，德之本也，教之所由生也。复坐，吾语汝。身体发肤，受之父母，不敢毁伤，孝之始也。立身行道，扬名于后世，以显父母，孝之终也。夫孝，始于事亲，中于事君，终于立身。《大雅》云：‘无念尔祖，聿修厥德。’”

译文

孔子闲坐在家中，他的学生曾子陪坐在一旁。

孔子说：“古代的帝王有着至高至圣的品德和道义，并以此来博取天下人的归顺之心，使百姓友善相处。人们无论尊卑贵贱，处于上位的和处在下位的人都不会互相怨恨。你知道这是为什么吗？”

曾子站起来离开自己的座位，说道：“曾参不够聪慧，又怎么能知道呢？”

孔子说：“这是孝起的作用。孝是道德的根本，也是教化产生的缘由。你坐回原位，我慢慢地讲给你听。人身体的四肢、毛发、皮肤，都是从父母那里得来的，要加以爱护，这是孝道的开始。人要安身立命，推行道义，从而扬名于后世，

孔子传孝道

令父母的名声也因此显赫，这是孝道的终极目标。孝道的遵行，最初是从侍奉父母开始，随后效忠君王，最后达成自身的功业。《诗经·大雅·文王》一篇说道：‘为何不怀念你的先祖呢？先祖美好的德行值得称道和学习啊。’”

鉴读

本章作为《孝经》的首篇，概括了全书的纲要，对于孝的价值、内涵以及表现形式都做了关键性的论述。首先，文中称孝是“至德要道”，把孝的重要性抬到了一个至高无上的位置。接下来对孝的阐述则更为详尽：孝是人最基本的行为准则，同时又是教化产生的根本；遵行孝道首先要做的是爱惜父母赐予自己的躯体，只有这样才能实行道义，最终使自己名扬后世、光宗耀祖；行孝，在人生的三个阶段有三种不同的表现形式，人年轻的时候着重于侍奉长辈，中年的时候想着为国效力，晚年则努力为践行道德发挥自我表率作用。

天子章第二

原文

子曰：爱亲者，不敢恶于人；敬亲者，不敢慢于人。爱敬尽于事亲，而德教加于百姓，刑于四海。盖天子之孝也。《甫刑》云：“一人有庆，兆民赖之。”

舜帝大孝克谐图

译文

孔子说：天子能敬爱自己的父母，就不会憎恶他人的父母；能尊敬自己的父母，也不会怠慢他人的父母。将关爱、尊敬作为原则，尽心尽善地侍奉自己的长辈，又将道德教化推行在百姓之中，使万民都将此作为法则，这正是天子应当遵行的孝道啊。《尚书·甫刑》中说道：“天子一人持有美好的品行，那么万民都会依附于他。”

鉴读

本章谈到的是“天子之孝”。天子之孝的特殊性在于其表率作用。天子以身作则，尽心侍奉亲人，并在此基础上将其推行于天下，教化万民，规范四海。此章首言敬爱亲人的人同样也会敬爱他人，由此可知，博爱广敬、推己及人才是孝道真正的意义。这也是古代帝王为何如此重视孝的原因。

诸侯章第三

原文

在上不骄，高而不危；制节谨度，满而不溢。高而不危，所以长守贵也。满而不溢，所以长守富也。富贵不离其身，然后能保其社稷，而和其民人。盖诸侯之孝也。《诗》云：“战战兢兢，如临深渊，如履薄冰。”

译文

诸侯位居众人之上的时候不应该骄纵，这样才能身居高位而免于倾覆的危险；有规律地节制自己的生活，谨慎地衡

在上不骄

量利害关系，这样才能保证财物充盈而不流失。身居高位而没有倾覆的危险，这是长久地守住尊贵地位的关键；财物充盈而不流失，这是长久地守住财富的关键。能够紧紧地把握住尊贵和财富，才能够保住江山社稷和黎民百姓，这正是诸侯应当遵行的孝道啊。《诗经·小雅·小旻》说："小心谨慎、战战兢兢，犹如面临深潭、脚踩薄冰，唯恐灾难发生。"

鉴读

本章谈到的是"诸侯之孝"。诸侯王上承天子，下辖平民，在国家的治理中扮演着非常重要的角色。诸侯之孝也具有重要的价值，诸侯不可自恃尊位，挥霍无度，只有居安思危、权衡利弊、节制有度，才能长久地维护封国太平，庇佑百姓。诸侯之孝，就在于安守自己的封国，造福一方。

卿、大夫章第四

原文

非先王之法服不敢服，非先王之法言不敢道，非先王之德行不敢行。是故非法不言，非道不行；口无择言，身无择行。言满天下无口过，行满天下无怨恶。三者备矣，然后能守其宗庙。盖卿、大夫之孝也。《诗》云："夙夜匪懈，以事一人。"

译文

如果不是先代贤明的帝王制定的合乎礼法的朝服，卿、大夫就不可以穿戴；不是先代贤明的帝王确立的合乎礼法的语言，卿、大夫就不可以乱说；不是先代贤明的帝王推行的道德规范和行为准则，卿、大夫就不可以妄为。因此，不合乎礼法的言语不说，不合乎道德规范的事情不做。卿、大夫需要提升自身的修为，做到开口说话时无须斟酌也能使言谈合乎礼法，身体力行时无须辨别也能使自己的行为不出格。如此一来，卿、大夫的话语广传天下，但却没有错误和不当之处；做过的事情人人皆知，然而也并没有因此招来怨恨。

卿、大夫礼服

卿、大夫如果能做到使自身的服饰、语言和行为这三者都合乎礼义规范，那么就可以守护好自家的宗庙，延续后代。这正是卿、大夫的孝道啊。《诗经·大雅·民》说：“白天黑夜都孜孜不倦，只为侍奉天子一人。”

鉴读

本章谈到的是“卿、大夫之孝”。对天子、诸侯而言，卿、大夫是作为其左膀右臂而存在的。按照古代礼法，卿、大夫也可享有自己独立的宗庙，祭祀先祖，只不过规格要比天子、诸侯王低。卿、大夫要保住宗庙，就必须尽到自己当尽之责：上辅君王，下安百姓。因此，卿、大夫在言行上就有许多准则：遵从先王之道，谨言慎行，树立口碑。这就是卿、大夫之孝。另外，本章还谈到了服饰，服饰制度也是古代礼法制度的重要组成部分。

士章第五

原文

资于事父以事母，而爱同；资于事父以事君，而敬同。故母取其爱，而君取其敬，兼之者父也。故以孝事君则忠，以敬事长则顺。忠顺不失，以事其上，然后能保其禄位，而守其祭祀。盖士之孝也。《诗》云：“夙兴夜寐，无忝尔所生。”

译文

用侍奉父亲的态度侍奉母亲，其关爱之心是一样的；用侍奉父亲的态度侍奉君王，其尊敬之心也是一样的。所以，对待母亲要表现出爱心，侍奉君王则要带着敬意，而爱心、敬意这两者在对待父亲时，是需要同时具备的。因而，以孝道为君王效命的人一定会忠诚，以尊敬之心侍奉长辈的人一定恭顺。以忠诚、恭顺之心侍奉君王和上级，这样就能保住自己的官禄和职位，进而守住自己对先祖的祭祀，这正是士人的孝道啊！《诗经·小雅·小宛》中说道：“人应早起晚睡，勤奋自勉，不能让生养你的父母因你而蒙羞。”

鉴读

本章谈到的是“士之孝”。士阶层是古代社会的重要阶层，是孝道的主要承载群体。士人在孝敬父母的同时，又需要侍奉君王。在家中对待父母，更多的是需要充满爱心，而在外对待君王、上级，则更需要做到尊敬。这是在士人生活

中推行孝的两种不同表现形式。士人能遵行孝道，就能忠顺，就能保住官禄和祭祀。

庶人章第六

原文

用天之道，分地之利，谨身节用，以养父母。此庶人之孝也。故自天子至于庶人，孝无终始，而患不及者，未之有也。

译文

遵循自然的规律，分辨地理的利弊，慎言谨行，节俭有度，以此赡养父母。这正是普通人的孝道啊。所以，从至高无上

勤于耕耘，以孝父母

的天子，到最基层的百姓，孝道对于众人而言都是必须遵循的、无终无始的。人在行孝时不能做到有始有终，而灾祸却没降临到他的头上，这是不曾有过的事情。

鉴读

本章谈到的是“庶人之孝”。庶人也就是普通百姓，他们需要做的就是依照天时、地利的规律，耕耘收获，在获得劳动成果之后节用自爱，这样才能赡养父母，尽庶人之孝。本章后半段作为对孝的总结，起着承上启下的作用。通过此章，我们可以得知，上自天子，下至群民，都应该尽自己当尽之责，行当行之孝，否则必将招来灾祸。

三才章第七

原文

曾子曰：“甚哉，孝之大也！”

子曰：夫孝，天之经也，地之义也，民之行也。天地之经，而民是则之。则天之明，因地之利，以顺天下。是以其教不肃而成，其政不严而治。先王见教之可以化民也，是故先之以博爱，而民莫遗其亲；陈之以德义，而民兴行。先之以敬让，而民不争；导之以礼乐，而民和睦；示之以好恶，而民知禁。《诗》云：“赫赫师尹，民具尔瞻。”

译文

曾子说：“太伟大了！孝道是何其广博啊！”

孔子说：孝道，就好比天体的运行，万物的生长，是人们最根本的自然品行。天地存在着一套自然规律，人们也因之领悟了孝道，并将实行孝道视为自然的法则而遵循。贤人效法上天亘古不变的法则，利用大地四季变化的规律，并以此来主宰天下万物，使其顺利运作。因而，国家的教化不必严格实施就能获得成功，人民不必严厉管制就能得到治理。先代的贤君认识到教育在治理百姓过程中的作用，因此他们首先以博爱来对待百姓，人民因而不会遗弃自己的亲人；贤君给人民阐述道义，人民因而乐于奉行；贤君崇尚恭敬退让的美德，人民因而不会相互争斗；贤君推行礼乐制度，人民因而彼此和睦；贤君规定了是非美丑的界限，人民因而有所禁戒。《诗经·小雅·节南山》中说道："庄严显赫的太师尹氏啊，万民都景仰您！"

先王爱戴百姓

鉴读

本章题为“三才”，三才即指“天、地、人”。本章从世界观的角度对孝加以阐释，把孝放在极为重要的位置上。犹如世界观中星辰的运行、四季的变化一般，孝道同样也应当作为自然规律而存在。人们尊崇孝道，将其作为自身的行为准则，是天经地义的事。先王取法天地，推行孝道，显然对治理国家起到了重要的作用。

孝治章第八

原文

子曰：昔者明王之以孝治天下也，不敢遗小国之臣，而况于公、侯、伯、子、男乎？故得万国之欢心，以事其先王。治国者，不敢侮于鳏寡，而况于士民乎？故得百姓之欢心，以事其先君。治家者，不敢失于臣妾，而况于妻子乎？故得人之欢心，以事其亲。夫然，故生则亲安之，祭则鬼享之，是以天下和平，灾害不生，祸乱不作。故明王之以孝治天下也如此。《诗》云：“有觉德行，四国顺之。”

译文

孔子说：从前，贤明的帝王凭借孝道来治理天下，即使是对待小国的属臣，也没有遗忘，更何况是对公、侯、伯、子、男这五种等级的诸侯王呢？所以帝王才能赢得诸侯国的爱戴和拥护，让他们帮助天子筹备先王的祭典。掌管封国的诸侯王，即使是对丧失妻子的男子和失去丈夫的孀妇都待之以礼，更何况是对下属和百姓呢？所以诸侯王才能赢得百姓的爱戴

以孝治国，万国来朝

和拥护，让他们效忠诸侯王，帮助诸侯筹备祭祀先祖的祭典。管理自家封邑的卿、大夫，即使是对家中的臣仆、奴婢也不会失于礼法，更何况是对其妻子和儿女呢？所以卿、大夫才能赢得民众的爱戴和拥护，让民众都能孝顺自己的双亲。如果做到这样，那么父母亲安在的时候就能享受到安乐，父母逝世之后也能受到后辈的祭祀，天下因此太平无事，灾害不会发生，祸乱也不会产生。所以，贤明的帝王都会像上述这般，以孝道治理天下。《诗经·大雅·仰之》中说道："天子的道德品行博大深厚，四方的国家都将归顺。"

鉴读

本章说的是君王以孝治国。孔子是周朝礼乐制度的积极倡议者，在提到以孝治国时，他便说到了"先王"的经验，称其因为以孝治国而赢取了天下人的爱戴和拥护。当然，不论是天子，或是诸侯、卿、大夫，在推行孝道的时候，需要特别注意的就是孝的普及化，我们在对待自己父母的时候，能尽一份孝心，但同时也应"老吾老，以及人之老"，这将更有意义。

圣治章第九

原文

曾子曰："敢问圣人之德，无以加于孝乎？"

子曰："天地之性，人为贵。人之行，莫大于孝。孝莫大于严父，严父莫大于配天，则周公其人也。昔者，周公郊祀后稷以配天，宗祀文王于明堂，以配上帝。是以四海之内，

周公郊祀

各以其职来祭。夫圣人之德，又何以加于孝乎？

译文

曾子说：“我冒昧地请教老师，在圣人的品德中，没有比孝更伟大的吗？”

孔子说：“天地之间，人最为高贵。人们的行为，最重要的莫过于遵守孝道了。在孝道当中，没有比尊敬自己的父亲更重要的。而尊敬父亲，又比不上在祭天之时以先祖配祭。这点只有周公能做到吧。以前，周公在郊外举行祭天仪式时，将周代的祖先后稷配祭于天；在明堂举行宗庙祭祀的时候，又将父亲文王配祭于天。这样一来，四海之内的各个诸侯王都恪尽职守地协助天子祭祀先祖。由此可知，在圣人的品德中，又有什么能比得上孝呢？

鉴读

百德孝为先。本段所阐述的圣人之德即是孝。文中以周公配祭为例，来说明孝道是圣人安抚四方的最重要的品德。

原文

“故亲生之膝，下以养父母日严。圣人因严以教敬，因亲以教爱。圣人之教，不肃而成，其政不严而治，其所因者本也。父子之道，天性也，君臣之义也。父母生之，续莫大焉。君亲临之，厚莫重焉。故不爱其亲而爱他人者，谓之悖德；不敬其亲而敬他人者，谓之悖礼。以顺则逆，民无则焉。不在于善，而皆在于凶德，虽得之，君子不贵也。君子则不然，言思可道，行思可乐，德义可尊，作事可法，容止可观，进退可度，

以临其民。是以其民畏而爱之，则而象之。故能成其德教，而行其政令。《诗》云：‘淑人君子，其仪不忒。’”

译文

“所以子女幼年时期伴随在父母膝下成长时，对父母的敬爱就逐渐萌生了，此后长大成人，则更加能懂得这种对父母的敬爱之情。圣人则凭借着子女对父母有发自内心的尊敬的天性，教导人民应敬重长辈；同时还凭借着子女对父母有着天生的亲情的天性，教育人民要懂得关爱他人。圣人的教化可以做到并不严肃就能成功，政令也不用采用严厉的实行方式就能实施得很好,这是因为他们遵循了孝道的自然规律。父子之间的亲情关系和子女对父亲的敬重是人的天性，可以很好地反映在君主和臣子之间的关系上。父母生育子女以延续后代，没有比这更重大的事；父亲在子女面前犹如尊贵的君王，什么也比不上他们给予子女的厚爱。因此，身为子女，不亲近、关爱自己的双亲，却亲近、关爱其他不相关的人，这就叫做违背道德；不尊敬自己的双亲，却尊敬其他不相关的人，这就叫做违背礼法。如果用违背道德和礼法的行为作为准则，去让人民顺从，那将会是非颠倒，人民也不会效法。不用善道教化人民,反而依靠违背道德礼法的方法治理天下，虽然有一时得志的可能，但君子对此将鄙夷不屑。君子的行为则不是如此，他们说话时，必须考虑到所说的话能得到人民的支持；他们做事时，必须考虑到所做之事能让人高兴；他们的德行和道义能赢得人民的尊敬；他们的举止行为，能够作为人民效法的榜样；他们的仪容装束，要成为人们效法的典范；他们的进退举止，合乎礼法规矩。如果君王能以这

君子以身作则

样的方式来治理国家，管理百姓，那么民众都会敬畏、爱戴他，并以君王为榜样加以效法。因此，君子能实现他的道德教化，使法令得以顺利施行。《诗经·曹风·鸠》中说道：‘善人君子，重视礼法；仪容举止，丝毫不差。’”

鉴读

本段作为此章的第二段，讲述的是圣人以孝作为治国的最高准则的道理。圣人之所以要用推行孝道的方式来治理国家，其关键在于身为子女都有敬爱父母的天性，也是因为这一本性，圣人就可以将孝道推行开来，使君臣有礼，万民和睦。倘若违背道德、礼法，不遵循孝道，就会是非不分，百姓将无所适从。这种方式可能会获得一时之成功，但却无异于自断前路，君子对此是不屑的。君子之道，在于“言思可道”等诸类符合孝的品德，并且能以身作则，以此治理国家。

纪孝行章第十

原文

子曰：“孝子之事亲也，居则致其敬，养则致其乐，病则致其忧，丧则致其哀，祭则致其严，五者备矣，然后能事亲。事亲者，居上不骄，为下不乱，在丑不争。居上而骄则亡，为下而乱则刑，在丑而争则兵。三者不除，虽日用三牲之养，犹为不孝也。”

译文

孔子说：“孝子侍奉双亲，在平常居家时，要竭力表达出对父母的恭敬；供养饮食的人，要表现出自己发自内心的愉快；父母生病时，要为此感到极度的忧虑；父母去世时，要充分地显露出哀痛之情；祭祀的时候，要表现得庄严肃穆。这五个方面都能做到完备齐全，才称得上对父母尽了应尽的孝道。侍奉父母的人，身居高位不应骄纵恣意；处于臣位，也不可犯上作乱；身份卑贱，也不和人争斗。身居高位却骄纵恣意，就会自取灭亡；处在臣位而犯上作乱，就会遭受刑罚；身份卑贱却争斗不止，就会造成互相残杀。如果这三种恶行不消除，即便是每天用牛肉、羊肉、猪肉三种美味食物供养父母，也不能说是孝顺啊。”

不孝致乱

鉴读

本章谈到了怎样做才算是真正的孝的问题。每天用牛肉、羊肉、猪肉这“三牲”美味来供奉父母就能称做孝敬吗？其实不然。在侍奉父母时，应抱着自然而然的、发自内心的敬爱之情，竭力行孝，唯恐父母有病，唯恐父母不悦。此外，身为孝子，自己更应注重看似与供养父母无直接关联但其实也是在间接地行孝的行为，如“居上不骄，为下不乱，在丑不争”。否则，必然会招致灾祸，倘若身死，那么又如何行孝呢？

五刑章第十一

原文

子曰：“五刑之属三千，而罪莫大于不孝。要君者无上，非圣者无法，非孝者无亲。此大乱之道也。”

译文

孔子说：“可以处以墨、宫、劓、刖、大辟这五种刑罚的罪有三千多种，但最大的罪莫过于不孝。以暴力要挟君王的人，眼里没有君王的存在；非议、责难圣人的人，眼里没有法纪的存在；斥责、反对行孝的人，眼里没有父母的存在。这三等人，是天下大乱的根源所在。”

鉴读

本章谈到的是不孝之罪。不孝之人，甚至比被处以“五刑”的罪犯更可恶，因为他们目无君王、目无法纪、目无双亲，这三种行为罪大恶极，是社会大乱的根源。

不孝致乱

广要道章第十二

原文

子曰："教民亲爱，莫善于孝。教民礼顺，莫善于悌。移风易俗，莫善于乐。安上治民，莫善于礼。礼者，敬而已矣。故敬其父，则子悦；敬其兄，则弟悦；敬其君，则臣悦；敬一人，而千万人悦。所敬者寡，而悦者众。此之谓要道也。"

译文

孔子说："教导百姓相亲相爱，没有比提倡孝道更好的了。教导百姓恭顺有礼，没有比让他们遵从自己的兄长更好的了。改变风气、修正习俗，没有比音乐教化更好的了。使国家安定、百姓顺从，没有比礼教更好的了。所谓礼教，说到底就是敬爱。所以尊敬父亲，他的儿子就会高兴；尊敬兄长，他的弟弟就会高兴；尊敬君王，他的臣下就会高兴。尊敬一个人，而千万人都能因此感到高兴。所尊敬的虽然只是少数几个人，然而为此高兴的人却非常多，这就是孝道之所以成为'要道'的关键缘由啊！"

鉴读

本章是对孝道作为"要道"的重要阐述。首章所谓"先王有至德要道"，这要道即以孝治国之道。孝在治国安民中的作用异常突出，原因在于爱护他人的父母，则能使他人感到高兴；爱护一人，则能使多人因此而高兴。这样，孝的意义将被无限放大，这也正是孝道之所以可以成为要道的原因。

相敬如宾

广至德章第十三

原文

子曰："君子之教以孝也，非家至而日见之也。教以孝，所以敬天下之为人父者也。教以悌，所以敬天下之为人兄者也。教以臣，所以敬天下之为人君者也。《诗》云：'恺悌君子，民之父母。'非至德，其孰能顺民，如此其大者乎！"

译文

孔子说："君子用孝道来教化人民，并不是要去一家一户地宣传，每天当面指导。君子以孝道教化人民，使得天下做父亲的都能享受到别人的尊敬。君子以悌道教化人民，使得天下做兄长的都能享受到别人的尊敬。君子以臣道教化人民，使得天下的君王都能享受到别人的尊敬。《诗经·大雅·酌》中说道：'和悦平易的君子，是人民的父母。'如果缺少至高至善的品德，又有谁能够令天下万民归顺，创造出如此伟大的功业啊！"

鉴读

前章谈到了孝道可以被无限放大的问题。本章对此又做了进一步的阐述。所谓君子用孝道教化人，并不需要挨家挨户地宣传，因为这无疑是杯水车薪。君子首先需要做的，就是尊敬天下的父亲、兄长和君王，只要以身作则，遵行孝悌、君臣之道，那么就可以赢得天下人的瞩目，使万民敬仰、仿效。

广扬名章第十四

原文

子曰："君子之事亲孝，故忠可移于君；事兄悌，故顺可移于长；居家理，故治可移于官。是以行成于内，而名立于后世矣。"

译文

孔子说："君子能够孝顺地侍奉双亲，所以他也能够将对父母的孝心转化为侍奉君主的忠心；君子能尊敬兄长，所以他也能将对兄长的尊敬转化为对长辈的敬顺；君子能处理好家务事，因此他也能够将处理家事的方法转移到处理国家大事上。所以说，能够在家里行孝悌之道、处理好家务事的人，他的名声就会显扬于外而且名传后世。”

鉴读

本章与前文的关系紧密，可以和前几章放在一起理解。君子恪守“至德要道”，从而能从侍奉双亲上升到侍奉君王；从尊敬兄长，上升到尊敬上级；从治一家，上升到治一国。因而，孝道的精神更易被人接受，君子也可以因此而扬名后世。所以本章题为《广扬名章》。

谏争章第十五

原文

曾子曰："若夫慈爱、恭敬、安亲、扬名，则闻命矣。敢问子从父之令，可谓孝乎？"

子曰："是何言与！是何言与！昔者，天子有争臣七人，虽无道，不失其天下；诸侯有争臣五人，虽无道，不失其国；大夫有争臣三人，虽无道，不失其家；士有争友，则身不离于令名；父有争子，则身不陷于不义。故当不义，则子不可不争于父；臣不可不争于君；故当不义则争之。从父之令，又焉得为孝乎！"

译文

曾子说："关于慈爱、恭敬、安亲、扬名，已经听闻了老师的教诲。现在我斗胆地问一句，做儿子的一味地听从父亲的命令，那能称得上是孝吗？"

孔子说："这是什么话，这是什么话！过去，如果天子身边有七名敢于进谏的大臣，即使这个天子昏庸无道，他也不会失去天下；如果诸侯有五名直言敢谏的臣子，即使他昏庸也不会失去他的封国；如果一个大夫有三名敢于进谏的臣属，即使他昏庸也不会失去自己的家业；如果士人有一个敢于直言相劝的好友，那么美好的名声就不会失去；如果父亲有个敢于相劝的儿子，那么他就不会使自己陷于不义的境地。所以说，当遇到不符合道义的事情时，作为儿子的，不能不去和父亲相争；作为臣子的，不能不去和君主相争。因此，当遇到不符合道义的事情时，儿子要敢于和父亲相争，只一味地听父亲的命令又怎么能称得上是孝呢！”

鉴读

本章谈到了对长者之过应持的态度，是对孝的辩证思考。诚然，在父母面前一味地顺从，就意味着可能随时会颠倒是非、违背义理；在君王面前唯唯诺诺、谄媚奉承，也自然不会有好结果。因而，君子在尽孝之时，需要有难能可贵的判别能力，激烈的劝谏可能会挽回不必要的损失。

感应章第十六

原文

子曰："昔者，明王事父孝，故事天明；事母孝，故事地察；长幼顺，故上下治。天地明察，神明彰矣。故虽天子，必有尊也，言有父也；必有先也，言有兄也。宗庙致敬，不忘亲也。修身慎行，恐辱先也。宗庙致敬，鬼神著矣。孝悌之至，通于神明，光于四海，无所不通。《诗》云：'自西自东，自南自北，无思不服。'"

译文

孔子说："以前贤明的帝王能孝顺地侍奉父亲，因此他才能够在侍奉、祭祀上天时明白上天覆庇万物的大道；他能孝顺地侍奉母亲，因此他才能在祭祀大地时明白大地孕育万物的道理。长幼之间和谐有序，长幼关系就能治理好。天地的神明洞察了天子的孝心就会降下福佑，因此即便他是天子，也会有他需要去尊敬的人，这就是他的父亲；也会有长于他的人，这就是他的兄长。帝王祭祀宗庙，表达敬意，说明他没有忘记自己的亲人；帝王修身养性，谨慎做事，是恐怕自己有所偏失而使祖先受辱。帝王到宗庙祭祀，充分表达他对先人的至诚敬意，先祖的灵魂就会来到庙堂享用祭品，显灵赐福。帝王对父母长辈十分孝顺，就能通达神明，他的贤明仁孝就会传遍四海，任何地方都能感应到。正如《诗经·大雅·文王有声》上说的：'从西向东，从北到南，没有人不归顺、服从的。'"

君王祭祀

鉴读

本章论述的是孝的神圣功用。文中说到君主在行孝时能够明白万物的道理，其效用也将远远超越一般人的行孝道的效用，并达到一种“孝悌之至，通于神明，光于四海，无所不通”的境界。显然，此章带有古人显著的神权意识。其章名为《感应章》，无非也是要强调天子之孝在整个国家中至关重要的影响力，不过能否像文中所说的那样感动神明，那就另当别论了。

事君章第十七

原文

子曰：“君子之事上也，进思尽忠，退思补过，将顺其美，匡救其恶。故上下能相亲也。《诗》云：‘心乎爱矣，遐不谓矣。中心藏之，何日忘之？’”

译文

孔子说：“君子侍奉君主，当他在朝为官时，就时刻想着如何尽忠职守；当他不担任官职时，还想着怎么去弥补君王的过失。对于君王的美德，他就加以发扬；对于君王的缺点，他就匡正补救、直言劝谏。所以君王与臣子的关系才能相亲相敬。《诗经》上说：‘一个人心中要充满爱，无论双方相隔多远，这份爱也会存在心间，没有忘记的那一天。’”

鉴读

本章言君子事君之道。前文已提及，对于孝应当辩证地看待。君子在侍奉君主的时候，更应体会到这一点。一方面，君子应尽忠职守，竭力为君王分担忧愁，称赞君王的美德；另一方面，君子又要善于劝谏，匡正错误，弥补过失。相亲相敬的君臣关系才是健康而长久的，这也是值得君子学习的正确的事君之道。

丧亲章第十八

原文

子曰：孝子之丧亲也，哭不偯，礼无容，言不文，服美不安，闻乐不乐，食旨不甘，此哀戚之情也。三日而食，教民无以死伤生。毁不灭性，此圣人之政也。丧不过三年，示民有终也。为之棺、椁、衣、衾而举之；陈其簠、簋而哀戚之；擗踊哭泣，哀以送之；卜其宅兆，而安措之；为之宗庙，以鬼享之；春秋祭祀，以时思之。生事爱敬，死事哀戚，生民之本尽矣，死生之义备矣，孝子之事亲终矣。

译文

孔子说：孝子在父母去世的时候，会声嘶力竭地痛哭，言行举止也不似往日的端庄，言语也不再有文采，他们会因为穿着华美的衣服而惴惴不安，听到音乐时也不会觉得快乐，吃那些美味的食物时也不觉得可口，这就是子女在失去父母时所表现出来的哀伤情绪。父母逝世后三天，孝子就要吃东西，这是为了教导人们不能因为亲人的逝去而损伤生者的身体。哀伤使孝子消瘦，但绝不能危害孝子的性命，这也是圣人的为政之道。守孝不超过三年，这是要告诉人们，居丧也有停

亲丧致哀

止的一天。办理丧事的时候，生者为死去的亲人准备棺材、外棺以及死者所要穿的衣服、要用的被褥，并将衣服、被褥放于棺内；生者要将装有所献物品的簠、簋等祭奠器具陈列于灵堂之上，以表达自己的哀思；送殡时，送葬的人要捶胸顿足，号啕大哭，直到将棺材运到下葬的地方；生者要为死者所葬的地方进行占卜，根据占卜的吉凶来决定下葬的地点，并且在墓地旁兴建庙宇，使死者的亡灵能够享受到生者的祭祀；生者要在春秋两季进行祭祀，以表达对逝者的思念。父母在世时，子女要爱父母、尊敬父母；父母去世时，子女要怀着悲戚的心情，办好丧事。父母在世时，尽到自己的本分和义务，在父母去世后料理好了身后事，这样就算是完成了孝子侍奉父母的义务了。

鉴读

本章是本书的最后一章，讲述的是孝子应行的“丧亲之礼”。丧礼是古人极为重视的礼仪，对待亲人的逝去，首先，孝子应充分而恰当地表达出内心的哀痛之情，声嘶力竭地痛哭、三日而食、丧不过三年等诸多的礼法都是孝子需要恪守的。借此类礼法，可以表达出生者对死者的哀思之情，同时也传达给生者“丧而有终”的意义。接下来，孝子需要按照丧礼的一系列程序，如入敛、供祭、哭送、卜墓、落葬、入宗庙和春秋祭祀等，来尽孝子的义务。文中最后的几句，“生事爱敬，死事哀戚，生民之本尽矣，死生之义备矣，孝子之事亲终矣”，则为古人对生死的重要思考，也可以算做是对全书的总结。

附录一

《论语》中的『孝』

《论语》是一部记录孔子及其弟子言行的著作，集中体现了孔子的学说和思想，其中，『孝』无疑是最重要的内容之一。

学而篇

第2章

原文

有子曰："其为人也孝悌，而好犯上者，鲜矣；不好犯上，而好作乱者，未之有也。君子务本，本立而道生。孝悌也者，其为仁之本与！"

译文

孔子的弟子有若说："假如一个人奉行孝敬父母、敬爱兄长之道，还会存心冒犯尊长，这样的人一定很少啊；不冒犯尊长，而又喜欢作乱的人，是从来没有过的。君子一定要在根本上下工夫，根本确定了，道也随之而产生。孝敬父母，敬爱兄长这两点，应该是仁道的根本！"

第6章

原文

子曰："弟子，入则孝，出则悌，谨而信，泛爱众，而亲仁。行有余力，则以学文。"

译文

孔子说："小孩子在家里要孝敬父母，在外要敬爱兄长，处理事情必须谨慎和诚实，对所有的人都要有仁爱之心，时时亲近有仁德的人。做到这些再有多余的精力，就再去学习文化典籍。”

第7章

原文

子夏曰：“贤贤易色；事父母，能竭其力；事君，能致其身；与朋友交，言而有信。虽曰未学，吾必谓之学矣。”

译文

孔子的弟子子夏说：“对妻子，重品德不重外貌；服侍父母尽心竭力；服侍君王，可以舍弃自己的生命；和朋友相交，说出的话一定要守信用。能做到这样的人，即使没有老师教过，但我认定他已经学过了。”

孔子教导众弟子

第11章

原文

子曰："父在，观其志；父没，观其行；三年无改于父之道，可谓孝矣。"

译文

孔子说："父亲在世时，应该察看他的志向；父亲去世了，应该察看他的行为；多年不改变父亲定下的合理的规矩，可以称得上孝顺了。"

为政篇

第5章

原文

孟懿子问孝。子曰："无违。"樊迟御，子告之曰："孟孙问孝于我，我对曰，无违。"樊迟曰："何谓也？"子曰："生，事之以礼；死，葬之以礼，祭之以礼。"

译文

孟懿子是鲁国大夫，他向孔子请教孝道。孔子说："不要违背礼节。"樊迟为孔子赶马车，孔子告诉他说："孟孙在我这里请教孝道，我答复说，不要违背礼节。"樊迟说："这是什么意思呢？"孔子说："在父母生前，依礼的规则服侍他们；在他们去世后，依礼的规则埋葬他们，并且每年以礼进行祭祀。"

第6章

原文

孟武伯问孝。子曰："父母唯其疾之忧。"

译文

孟武伯是孟懿子的儿子，他向孔子请教孝道。孔子说："要使父母只为自己的疾病担忧，不必为自己其他方面的事担忧。"

第7章

原文

子游问孝。子曰："今之孝者，是谓能养。至于犬马，皆能有养；不敬，何以别乎？"

译文

子游是孔子的弟子，他向孔子请教孝道。孔子说："现在所谓的孝，仅止于能养活父母、让父母吃饱而已。但是养狗养马也要让它们吃饱,如果只给饭吃却不能真正孝敬父母，那跟养狗养马又有什么区别？"

第 8 章

原文

子夏问孝。子曰："色难。有事，弟子服其劳；有酒食，先生馔，曾是以为孝乎？"

译文

孔子的弟子子夏向孔子请教孝道。孔子说："在父母面前一直有发自内心的恭敬的态度很不容易。所有的事情，做儿女的来操劳；有好酒好吃的，让长者吃喝，这样就能算是孝吗？"

第 20 章

原文

季康子问："使民敬、忠以劝，如之何？"子曰："临之以庄，则敬；孝慈，则忠；举善而教不能，则劝。"

译文

季康子问孔子："假如想让百姓对我尊敬、忠诚和勇于进谏，怎样才能做到呢？"孔子答道："你尊敬他们，百姓就会对你尊重；你能够孝敬父母、慈爱晚辈，百姓就会对你忠诚；你提拔贤能、教育弱者，百姓就会加倍上谏了。”

第21章

原文

或谓孔子曰：“子奚不为政？”子曰：“《书》云：‘孝乎唯孝，友于兄弟，施于有政。’是亦为政，奚其为为政？”

译文

有人对孔子说：“先生为什么不从政呢？”孔子说：“《尚书》上说：‘孝顺，只要孝顺父母，兄弟间相互友爱，使这种社会风气影响政治。’这也算是一种从政的形式啊，难道只有做官才算从政吗？”

里仁篇

第18章

原文

子曰：“事父母几谏，见志不从，又敬不违，劳而不怨。”

译文

孔子说：“服侍父母，对于他们的过错要温和地劝导；如果父母的意愿仍未能被劝转，仍需尊敬而不违抗，如此操心忧劳也没有怨恨。”

第19章

原文

子曰："父母在，不远游，游必有方。"

译文

孔子说："父母在世，最好不要远游；如果一定要远游，必须要有一定的去处，以免父母担心。"

第20章

原文

子曰："三年无改于父之道，可谓孝矣。"

译文

孔子说："多年不改变父亲定下的规矩，就可以称得上孝顺了。"

第21章

原文

子曰："父母之年，不可不知也。一则以喜，一则以惧。"

译文

孔子说："做儿女的，对于父母的年龄不能不知道。一方面要为他们高寿感到高兴，另一方面要为其衰老而感到担忧。"

先进篇

第 5 章

原文

子曰："孝哉闵子骞！人不间于其父母昆弟之言。"

译文

孔子说："闵子骞非常孝顺啊！听到他父母兄弟称赞他的话，人们也没有异议。"

子路篇

第 18 章

原文

叶公语孔子曰："吾党有直躬者，其父攘羊，而子证之。"孔子曰："吾党之直者异于是：父为子隐，子为父隐，直在其中矣。"

译文

叶公告诉孔子说："我们那里有一个坦白直率的人，他的父亲偷了别人家的羊，他就告发了父亲。"孔子说："我们这里坦白直率的人和你们那里不同：做父亲的为儿子隐瞒，做儿子的为父亲隐瞒，直率就在其中。"

子证父攘羊

阳货篇

第21章

原文

宰我问："三年之丧，期已久矣。君子三年不为礼，礼必坏；三年不为乐，乐必崩。旧谷既没，新谷既升，钻燧改火，期可已矣。"子曰："食夫稻，衣夫锦，于女安乎？"曰："安。""女安，则为之！夫君子之居丧，食旨不甘，闻乐不乐，居处不安，故不为也。今女安，则为之！"宰我出。子曰："予之不仁也！子生三年，然后免于父母之怀。夫三年之丧，天下之通丧也。予也有三年之爱于其父母乎！"

译文

宰我问："三年的守丧时间太久了。一个君子如果三年的时间不习礼仪，礼仪一定生疏；三年不演奏音乐，乐感一定丧失。旧粮已经吃完了，新粮又收上来了，钻木取火的木料也轮换了一遍，所以（守丧）一年就可以吧。"孔子说："吃着甘美的稻米饭，穿着华美的锦缎，对于你来说心里安稳吗？"宰我说："安稳。"孔子说："既然你心里安稳，就那样做吧。但君子居丧的时候，吃着甘美的食物却不觉甘美，

听着舒心的乐曲却不觉舒心，住在家里也不觉得安心，所以不那样做。现在你觉得安稳，那你就那样做吧！”宰我出去后，孔子说：“宰我不仁啊！一个人出生后三年，才能离开父母的怀抱，因而三年期限的丧礼，也是天下共通的丧礼啊。难道宰我就没有从父母那里得到三年的爱护吗？”

子张篇

第17章

原文

曾子曰：“吾闻诸夫子：人未有自致者也，必也亲丧乎！”

译文

曾子说：“我听夫子说：人平常难得有完全竭尽其情的，如果有，那只会是在为父母治丧事时。”

第18章

原文

曾子曰：“吾闻诸夫子：孟庄子之孝也，其他可能也；其不改父之臣与父之政，是难能也。”

译文

曾子说：“我听夫子说：孟庄子的孝道，其他人都可以做到；但他不撤换父亲的臣僚和不改变父亲的政治方向，这是一般人难以做到的。”

附录二

礼记

《礼记》是战国到秦汉年间儒家学者解释说明经书《仪礼》的文章选集，是一部儒家思想的资料汇编。

《礼记》不仅记述和解释了先秦时期的礼制和仪礼，更涉及了日常生活的诸多方面，是研究先秦社会以及学习优秀传统文化的重要资料。

敖不可长

原文

敖不可长，欲不可从，志不可满，乐不可极。贤者狎而敬之，畏而爱之。爱而知其恶，憎而知其善。积而能散，安安而能迁。临财毋苟得，临难毋苟免。很毋求胜，分毋求多。疑事毋质，直而勿有。

译文

不可骄傲自大，不可随心所欲，不可停步不前，不可纵情享乐。要亲近并尊重贤德的人，要心怀敬畏、敬爱地拥护他。要了解喜爱之人的缺点，也要看到憎恶之人的长处。能积累财富，也能散财济贫；能身处安定，也能身处动荡。面对财物不任意贪求，面临危难不刻意逃离。与人争辩不求胜出，分享成果不贪多。不明白的事不妄下结论，已经知道的事不自我夸耀。

鉴读

古代的儒家思想有一个十分显著的特点，这一显著特点表现在行为处事上，就是既不能不及，又不能太过。这种保持中间态度的做法即被称为“中庸”。

保持中庸，是一门很重要的做人学问，这对任何人而言都具有很大的实践价值；同时，中庸又是个人品德修养必不可少的内容。内心要持守纯正，但应适中，过分便会发展成

傲慢。欲望的满足也应适当，否则就会发展成放纵。多数情况下，人们处理事情都不能走极端。这样，人才能在不断变化的环境下和复杂的人际关系中明哲自保、站住脚跟，进而有所作为。

这种思想观念是儒家对人生的根本态度。它关注到了现实，鼓励人们积极进取，同时又显得极为谨慎和保守。几千年来，中庸思想对中国人的民族心理和民族人格的形成都产生了深远的影响，至今仍是一种进行个人修养的重要思想资源。

别于禽兽

原文

若夫坐如尸，立如齐。礼从宜，使从俗。

夫礼者，所以定亲疏、决嫌疑、别同异、明是非也。礼，不妄说人，不辞费。礼，不逾节，不侵侮，不好狎。修身践言，谓之善行。行修言道，礼之质也。礼，闻取于人，不闻取人。礼，闻来学，不闻往教。

道德仁义，非礼不成；教训正俗，非礼不备；分争辨讼，非礼不决；君臣上下，父子兄弟，非礼不定；宦学事师，非礼不亲；班朝治军，莅官行法，非礼威严不行；祷祠祭祀，供给鬼神，非礼不诚不庄。是以君子恭敬、撙节、退让以明礼。

鹦鹉能言，不离飞鸟；猩猩能言，不离禽兽。今人而无礼，虽能言，不亦禽兽之心乎？夫唯禽兽无礼，故父子聚麀。是故圣人作，为礼以教人，使人以有礼，知自别于禽兽。

译文

坐时要像祭祀时的尸祝一般端庄，站时要像斋戒一般齐整。言行举止要符合规范，去往国外应入乡随俗。

礼是确定亲疏关系、判别嫌疑、区分异同、衡量是非的标准。遵循礼的标准，就不能随意讨好他人、轻易许诺。遵循礼的标准，就不能逾越界限、辱没他人，不能与他人假装亲热。注意自我修行，实践承诺，就是善行。举止有度，言语有道，才符合礼的根本。听说礼的标准，是让他人主动从自己这里取得益处，而不是逼迫别人学习。听说礼的标准，是要虚心上门求学，而不是等施教者主动登门传授。

不践行礼的仁义道德就不能取得成就；不以礼教化民众就不可能事事完备；没有礼参与的争辩诉讼就不可能圆满解决；没有礼介入的君臣、上下、父子、兄弟之间的名分，就不可能明确；拜师学艺，没有礼的指导，师生关系就不会融洽；官员的等级编制、军队的治理、官员执法，没有礼就不能建立威信；因事祈祷、祭祀以及平常例行的祭祀、供奉神鬼，如果没有礼的程序，就无法体现诚心和庄严。这就是君子为什么要以恭敬、克己和退让来阐明礼。

鹦鹉能说话，仍旧是飞鸟；猩猩能说话，仍旧是禽兽。现今如果人不受礼的限制，即便能说话，不也和禽兽一样吗？就因为禽兽没有礼的限制，才会父子共同拥有一个妻子。因此，圣人出现，制定礼来教育感化人们，让人变得有礼，进而知道自己与禽兽有所区别。

孔子坐像

鉴读

人与动物的区别表现在什么地方？仅仅是具备语言能力，会使用工具吗？鹦鹉也能说话，猩猩会使用工具，但他们仍然不能被称为人。人高于禽兽的等级是靠什么支撑的呢？

文章中给出的答案是“礼”。在儒家看来，人因为懂得礼义廉耻，从而在根本上决定了人有别于禽兽。这里所谓的礼，其意义并不局限于礼教、仪礼，它还有更深层次的含义。这层含义在今天看来，我们可以理解为良心、本心、善心。当我们提到某人连禽兽都不如的时候，那个人的良心必定是荡然无存了。孟子曾说，一家的鸡丢了，尚要发动全家人去寻找回来，可要是一个人把人之所以为人的良心都遗失了，却不知道找回来，这难道不悲哀吗？所以人必须学习礼教，让自己的行为能够符合社会对人的要求和标准。

礼尚往来

原文

大上贵德，其次务施报。礼尚往来，往而不来，非礼也；来而不往，亦非礼也。人有礼则安，无礼则危，故曰，礼者不可不学也。夫礼者，自卑而尊人，虽负贩者，必有尊也，而况富贵乎？富贵而知好礼，则不骄不淫；贫贱而知好礼，则志不慑。

译文

上古时的人们崇尚道德，后世人才会讲究施恩回报。礼尚往来，施恩于人得不到回报，不合乎礼；得到他人施恩却

礼对他人

不加报答，也不合乎礼。有礼的规范，社会才会安宁；缺少礼的规范，社会就会动荡。所以说，不能不学礼。礼的根本在于自己放下身段，尊重他人。即便是走街串巷的小贩，也会有让人敬重的方面，何况身处富贵的人呢？富贵而知晓礼，就会不骄不淫；贫贱而知晓礼，就会不卑不亢。

鉴读

中国具有五千年的文明史，素有“礼仪之邦”之称。礼仪文明作为中国传统文化的重要组成部分，对中国社会历史的发展影响深远。

礼尚往来是礼貌待人的重要原则，所谓“投之以桃、报之以李”，受到他人的礼待，必须报以相同的礼敬，即使是引车卖浆之流，也应以礼待之，这是维持人际交往平等友好发展的关键。不过，礼的往来也应适度。送礼只是为了表达自己的心意，不应过分强调礼的厚薄贵贱。

刑不上大夫

原文

国君抚式，大夫下之；大夫抚式，士下之。礼不下庶人，刑不上大夫。刑人不在君侧。武车绥旌，德车结旌。

译文

国君在路上看见大夫，抚式示礼，大夫要下车还礼。大夫在路上看见士，同样是抚式示礼，士要下车还礼。礼，不为下等的庶民制定规矩；刑，不为上等的大夫制定法则。受过肉刑处罚的人，不得在国君左右侍奉。武车上的旗要舒展开，德车上的旗要收束起来。

鉴读

这段话主要阐述的是国君、大夫以及士应当遵循的礼制（古代天子以下的爵位一般分为三个等级：卿、大夫、士，每一等级往往又分上、中、下三等）。其中有一句话往往被人提及，那就是“刑不上大夫”。

这里所说的“刑不上大夫”（刑罚不施加于大夫身上），属于儒家的一个经典主张，意味着大夫与庶人之间的不平等待遇。

在今天看来，这一主张似乎可以算是儒家思想维护统治阶级利益的一个明证。因为在法律面前，人人平等，大夫为什么就可以超脱于法律之外呢？我们会有这种批评，主要是对这句话的意思理解不准确。刑字的准确意思是刑罚、用刑，并不是指法律。刑不上大夫，并不是说大夫就可以不受法律的制裁，而是可以选择其他的方式受罚，免去受刑的人格侮辱。儒家提出这一主张，还是具备一定的积极意义的。

晋献公杀世子申生

原文

晋献公将杀其世子申生。公子重耳谓之曰：“子盖言子之志于公乎？”世子曰：“不可，君安骊姬，是我伤公之心也。”曰：“然则盖行乎？”世子曰：“不可。君谓我欲弑君也。天下岂有无父之国哉？吾何行如之？”

使人辞于狐突曰：“申生有罪，不念伯氏之言也，以至于死。申生不敢爱其死。虽然，吾君老矣，子少，国家多难，伯氏不出而图吾君。伯氏苟出而图吾君，申生受赐而死。”再拜稽首乃卒。是以为恭世子也。

译文

晋献公想要杀掉他的太子申生。公子重耳对申生说：“为什么你不把自己心里的想法告诉父亲呢？”申生说：“不行，父亲宠爱骊姬，有骊姬才得安乐，我说出来会让他伤心。”重耳又说：“那你为什么不逃走呢？”申生说：“不行，父亲会说我想谋害他。天下哪里有无父亲的国家？我能逃到哪里去呢？”

申生派人向狐突告别说：“我申生有罪，没有听从您的忠告，以致陷进死亡的境地。我不敢贪生怕死。尽管如此，我们国君已经老了，爱子年纪又很小，国家有许多忧患和灾难，您却又不肯出来为国君谋划政事。如果您肯出来为国君出谋划策，我就承受了您的恩惠，甘愿去死。”申生两次叩头行礼，接着便自尽身亡。因此，人们称他为“恭世子”。

鉴读

太子申生在父亲将杀自己之时，既不袒露自己的心迹，也不愿逃走，最后选择自尽以成孝道。为了某种理想和价值追求而不惜牺牲自己的生命，这本身就是可歌可泣的。这体现了人类超越肉体意义之外的更高追求，显现出了古人对生命存在价值的深刻领悟，生命存在并不仅仅是肉体的存在，更有某种精神意义与生命结合在一起。人活于世，最重要的

重耳劝申生

就是找到人生的意义和价值，否则便等同于行尸走肉。

文中太子申生即有着自己的价值取向，他在生死关头，把孝道的意义奉为至上。君臣父子，这是古代的基本伦常，申生既作为太子，就必须无条件地服从父亲和国君。申生显然意识到了这点，因为在他的内心，尽孝原本就是至高无上的价值和理想。为此，申生可以付出生命。这就是舍弃生命，换取孝义。

古人以孝至上的这种思想在今天看来可能难以理解，也很少会有人能做到像申生那样。因为古今人们的价值观念发生了重大的变化，传统孝道的大部分内容已经失去了存在的意义。我们可以做到孝顺父母，但很少会为此献出生命；如果和父母发生争执，我们通常会找到调解的办法，而不是唯父命是从，这也是社会发展的必然结果。

鲁庄公及宋人战于乘丘

原文

鲁庄公及宋人战于乘丘，县贲父御，卜国为右。马惊败绩。公队，佐车授绥，公曰：“末之卜也。”县贲父曰：“他日不败绩，而今败绩，是无勇也。”遂死之。圉人浴马，有流矢在白肉。公曰：“非其罪也。”遂诔之。士之有诔，自此始也。

译文

鲁庄公和宋人作战于乘丘，县贲父给鲁庄公驾车，卜国在右边保护圣驾。因为拉车的马受到惊吓，车翻倒在地。庄公因此摔了下来。副车上的人丢下绳子，把庄公拉上了副车。

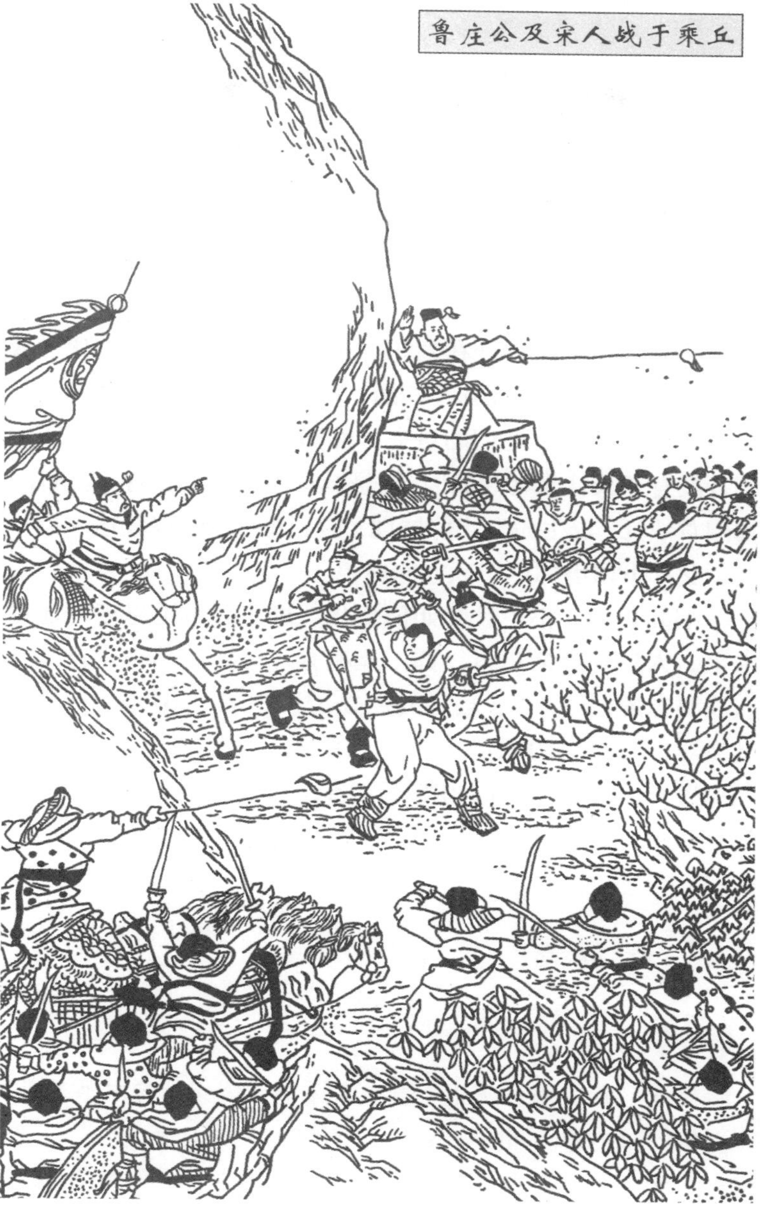
鲁庄公及宋人战于乘丘

庄公说："卜国没有勇气啊！"县贲父说："往日从未翻过车，今日却翻车，是我们没有勇气！"随后，两人殉职。后马夫洗马，发现马腿内侧被飞箭射中。庄公说："翻车不是他们的原因啊。"为此，庄公做文章追述二人的功绩德行。为士做文章以示悼念的风气，就是始于此时。

鉴读

县贲父和卜国由于在驾车和护车时失职，引咎赴死，战死于沙场。此二人至死都不知道，驾车时马腿内侧已经中箭，车翻人落其实并非他们的过失。然而就在当时危急之下，他们并没有寻找什么客观原因，而是挺身而出，主动承担起责任，为国君效死，以生命为代价展现了自己的忠诚。仅凭这一点，县贲父和卜国堪称尽忠职守的典范。

细细思考，不论社会如何变化、进步，不论是现在还是未来，人只要存活于世，都不能抛弃"忠"的精神。首先，人需要忠于自己，忠于自己的良心，忠于自己的信念；然后，又需对得起自己的职责、家庭、国家，等等。如果一个人连这点做人的最起码的原则都不具备，那他能否安身立命恐怕都是问题，更不用说赢得公众的赞赏了。

曾子易箦

原文

曾子寝疾，病。乐正子春坐于床下，曾元、曾申坐于足，童子隅坐而执烛。童子曰："华而睆，大夫之箦与？"子春曰："止！"曾子闻之，瞿然曰："呼！"曰："华而睆，大夫之箦与？”曾子曰：“然。斯季孙之赐也，我未之能易也。元起易箦！”曾元曰：“夫子之病革矣，不可以变。幸而至于旦，请敬易之。”曾子曰：“尔之爱我也，不如彼。君子之爱人也以德，细人之爱人也以姑息。吾何求哉？吾得正而毙焉，斯已矣。”举扶而易之，反席未安而没。

曾子

译文

曾子病倒在床上，病情严重。乐正子春坐在床下，曾元、曾申坐在床边，童仆坐在墙角，手拿烛火。童仆说：“席子的花纹既华丽又光洁，是大夫用的席子吧？”乐正子春说：“不要说话！”曾子听到了，吃惊地说：“啊？”童仆又说道：“席子的花纹华丽而又光洁，是大夫用的席子吧？”曾子说：“是的，这是季孙送给我的，我没有力气换掉它。曾元啊，扶我起来，把这张席子换掉。”曾元说：“您的病已经很严重了，不能移动身子。希望等到天亮，我再把席子换掉吧。”曾子说：“你爱我之心，还不如这个童仆。君子爱人是根据德行，小人爱人是姑息迁就。我现在还能要求什么呢？我只盼望死得合于正礼罢了。”于是，大家扶起曾子，把席子更换了。等再把曾子扶回到床上，还没有睡安稳就去世了。

鉴读

曾子临死之前要求把大夫用的华美的卧席换掉，这是以实际行动维护他所信奉的礼，因为礼制上曾子不具备大夫的身份，不能享受大夫的礼遇。由此可知，曾子一生对礼的信念是从未削减过的，他始终如一，严于律己，直至去世。

一张华美的卧席映照了一代圣贤的品质。许多人心中都有自己的价值追求，然而对于行将就木的曾子而言，临死依然坚守自己的做人准则可谓是后人推崇和学习的楷模。

做人的标准不是三言两语就能诠释清楚的，但是曾子告诉我们做人必须要有信念。信念是对自己所确认的价值和意义的执著和坚毅。人在生活中必须具有某种信念，它会使我们的言行有所归依，有轨可循。

子夏丧其子而丧其明

原文

子夏丧其子而丧其明。曾子吊之，曰：“吾闻之也：朋友丧明则哭之。”曾子哭，子夏亦哭，曰：“天乎！予之无罪也！”曾子怒曰：“商，女何无罪也？吾与女事夫子于洙、泗之间，退而老于西河之上，使西河之民疑女于夫子，尔罪一也；丧尔亲，使民未有闻焉，尔罪二也；丧尔子，丧尔明，尔罪三也；而曰女何无罪与？”子夏投其杖而拜曰：“吾过矣！吾过矣！吾离群而索居，亦已久矣。”

译文

子夏因儿子的死而哭瞎了眼睛。曾子去吊唁他，说道：“我所说，朋友哭瞎了眼睛，就要为它哭泣。”曾子哭了，子夏

曾子责子夏

也哭起来，说道："天啊！我没有罪过啊！"曾子气愤地说："你怎么没有罪过呢？从前我和你在洙水和泗水之间侍奉老师，后来你告老退隐到西河边上，使西河的人们都把你比拟为老师，这是你的第一条罪过。你为亲人居丧，却没有什么事迹为人所知，供人们称道，这是你的第二条罪过。你儿子死了就哭瞎了眼睛，这是你的第三条罪过。你怎么能说你没有罪过呢？"子夏听后丢弃手杖，跪拜说："我错了！我错了！我离开朋友独自居住，也真是太久了。"

鉴读

儒家思想的核心就是仁。仁者爱人，人与人之间的交往，需以仁爱之心去关心他人。但仁爱之心并不意味着毫无原则的姑息迁让，更不是放弃自我立场而随意附和，而是用仁德去教育对方。曾子对子夏就是这样去做的。因而真正爱护朋友的方式之一就是帮助朋友认识自己的不足，改正自己的过错。子夏的故事就是讲的这个道理。

劝告朋友、批评朋友是爱心的体现，这本是显而易见的道理，但在事情发生在自己身上时，总会有人发出疑问，觉得莫名其妙，认为朋友不但不关心自己，反而和自己作对。这个时候，我们就真的应该冷静思考一番了。试想，如果朋友不关心你，是没有必要对你提出建议的。正确认识朋友之间的关系，这样对双方都有益处。

子柳之母死

原文

子柳之母死，子硕请具。子柳曰："何以哉？"子硕曰：

"请粥庶弟之母。"子柳曰："如之何其粥人子母以葬其母也？不可。"既葬。子硕欲以赙布之余具祭器。子柳曰："不可。吾闻之也，君子不家于丧。请班诸兄弟之贫者。"

译文

子柳的母亲去世了，子硕请求置办丧葬用的礼器。子柳说："用什么来置办好呢？"子硕回答道："请把庶弟的母亲卖了吧。"子柳说："怎么可以通过卖掉别人的母亲来安葬自己的母亲呢？不行。"安葬完之后，子硕想用别人送葬时剩下的钱帛置办祭祀所用的器物。子柳说："不能这样。我听说，君子不会利用丧葬之事来充裕自己的家产的，还是将剩下的钱帛分发给穷困的兄弟们吧。"

鉴读

父母的丧事对子女而言是大事，一定要办得妥妥当当。尤其在古代，是有一套严格的丧礼制度的。为亲人置办丧葬的礼器，自然是好的，但是以此为由做出势利之事，实为不应该。文中的子硕，在如何筹集钱物置办礼器的问题上，多次都是以自我为出发点，希望能在别人那里攫取利益，这的确是不仁不义啊。在对待财物的问题上，子柳和子硕的态度截然不同。

坦言说，不管是君子，还是小人，都是爱财的，这或许是人的生性。然而区别在于，君子爱财，取之有道，这也是君子和小人在获取钱财的渠道上体现出来的本质的不同。若和子硕一样，靠卖庶弟的母亲谋取钱财，这种唯利是图、损害他人利益以谋取自身利益的做法怎么能行呢？

子柳与子硕

此外，君子在取财时，完全可以凭借自己的正当劳动得到相应的财物。但是在获取正当利益的同时，君子也会站在其他人的立场上看问题，在保证自己利益不受损的情况下，又能为他人着想，为他人谋得利益，这实在是不容易做到的事。

有子之言似夫子

原文

有子问于曾子曰："问丧于夫子乎？"曰："闻之矣，丧欲速贫，死欲速朽。"有子曰："是非君子之言也。"曾子曰："参也闻诸夫子也。"有子又曰："是非君子之言也。"曾子曰："参也与子游闻之。"有子曰："然。然则夫子有为言之也？"

曾子以斯言告于子游，子游曰："甚哉！有子之言似夫子也。昔者夫子居于宋，见桓司马自为石椁，三年而不成。夫子曰：'若是其靡也！死不如速朽之愈也。'死之欲速朽，为桓司马言之也。南宫敬叔反，必载宝而朝。夫子曰：'若是其货也！丧不如速贫之愈也。'丧之欲速贫，为敬叔言之也。"

曾子以子游之言告于有子，有子曰："然。吾固曰非夫子之言也。"曾子曰："子何以知之？"有子曰："夫子制于中都，四寸之棺，五寸之椁，以斯知不欲速朽也。昔者夫子失鲁司寇，将之荆，盖先之以子夏，又申之以冉有，以斯知不欲速贫也。"

译文

有子问曾子说："你向老师问过一个人失去官位以后，应该怎么办吗？"曾子说："只听他说过，丢官以后要快些

有子问曾子

贫穷，死了以后要快些腐烂。”有子说：“这不是君子说的话。”曾子说：“我确实是亲自听老师讲的。”有子还是说：“这不是君子说的话。”曾子说：“我与子游一同听到的。”有子说：“如果是真的，那么老师这话一定是另有所指的。”

曾子把有子的话告诉了子游，子游说：“像得很啊！有子说的确实像老师。以前老师住在宋国，看见桓司马给自己做石椁，三年还没有做好。老师便说：‘像这样奢靡浪费，死了不如快些烂掉才好呢。’死了要快些腐烂的话，是针对桓司马说的。南宫敬叔失去官位回家后，总是带着宝物朝见国王以求复位。老师说：‘这样行使贿赂，丢了官位还不如快些贫穷的好呢。’丢了官位要快些贫穷这句话，是针对敬叔说的。”

曾子又把子游的话告诉了有子。有子说：“是啊，我原说这不是夫子所说的话。”曾子说：“你怎么知道的？”有子说：“老师做中都宰时，定下棺椁的规格，棺四寸，椁五寸，由此我就知道他不主张人死了要快些腐烂。从前，老师失去了鲁国司寇的官位，将要到楚国去，先让子夏去表明心意，又叫冉有去致意并重申他的心意。由此我知道他并不主张丢了官位要快些贫穷。”

鉴读

本文阐述的是孔子的弟子对“丧欲速贫，死欲速朽”这两句话的含义的相互探讨。对于同样的话，有子能得出和曾子不一样的理解，这就说明，思考方式在探讨分析问题时往往起着重要作用。

有子在理解孔子的话时，能联想到孔子的一贯言行，以

此来推测话语的真正意思，类似于举一反三式的思考方式；子游则是根据孔子说此话时的处境，将问题放在特定环境下进行分析；曾子则属于断章取义，理解起来显得孤立、片面。

文章中孔子学生分析问题的方式值得世人借鉴，只有客观、全面地思考问题，才能得到真正的答案。

成子高寝疾

原文

成子高寝疾，庆遗入请曰：“子之病革矣，如至乎大病，则如之何？”子高曰：“吾闻之也，生有益于人，死不害于人。吾纵生无益于人，吾可以死害于人乎哉！我死，则择不食之地而葬我焉。”

译文

成子高卧病在床，庆遗进屋请安说道：“您的病情危急，万一您去世了，后事该怎么办呢？”子高说：“我听说过，活着要对人有益处，死后要不加害于人。我在世时纵然对人无益，难道死了还要危害于人吗？我死后，你就找一块不生庄稼的土地，把我埋在那里。”

鉴读

有一种奉献，叫做“春蚕到死丝方尽，蜡炬成灰泪始干”，吐尽最后一根丝，流干最后一滴蜡，直至死也不停止对社会的贡献。

还有一种奉献，叫做“落红不是无情物，化作春泥更护

花”，生前已向世人展现了绚烂的美，死后仍想着奉献自己，培育后人。

且不看成子高是否生前有益于世，但是就其临死前的一番言论，他的奉献精神可见一斑。纵然一个人生前碌碌无为，将死时却能为世人着想，这就是一种精神，值得人们尊敬。然而，并不是所有人都乐于奉献。有人默默无闻地贡献自己的力量，有人却不遗余力地攫取他人的财富，这二者完全不是一类人啊！

公子重耳对秦客

原文

晋献公之丧，秦穆公使人吊公子重耳，且曰：“寡人闻之：‘亡国恒于斯，得国恒于斯。’虽吾子俨然在忧服之中，丧亦不可久也，时亦不可失也，孺子其图之！”以告舅犯，舅犯曰:“孺子其辞焉！丧人无宝，仁亲以为宝，父死之谓何？又因以为利，而天下其孰能说之？孺子其辞焉！”

公子重耳对客曰：“君惠吊亡臣重耳，身丧父死，不得与于哭泣之哀，以为君忧。父死之谓何？或敢有他志，以辱君义。”稽颡而不拜，哭而起，起而不私。

子显以致命于穆公，穆公曰：“仁夫，公子重耳！夫稽颡而不拜，则未为后也，故不成拜。哭而起，则爱父也。起而不私，则远利也。”

译文

晋献公死后，秦穆公派使者去向公子重耳慰问，并且说：“我听说：失去国家常在这时，得到国家也常在这时。虽然

你现在处在忧伤服丧期间，但失位流亡不要太久，不可错过谋取君位的时机。请你仔细考虑一下！”重耳把这些话告诉了舅舅子犯。舅舅子犯说道：“你要拒绝他的劝告！居丧流亡的人没有宝贵的东西，只有把以仁爱之心对待亲人当做宝物。父亲去世是怎样的事啊？利用这种机会来图利，天下谁会说你没有罪呢？你一定要拒绝他！”

于是公子重耳答复来使说：“贵国国君太仁惠了，派人来慰问我这个出逃之臣。我出逃在外，父亲去世了，却不能到灵位前去哭泣，表达心中的悲哀，使贵国国君为我担忧。父亲去世是怎样不幸的事啊？我怎么敢有其他的念头，有辱于国君待我的厚义呢？”说罢，重耳只是跪下叩头并不拜谢秦使，哭着站起来，起来之后也不与使者私下交谈。

子显向秦穆公报告了这些情况，穆公说：“仁义呀，公子重耳！他对使者只叩头而不行拜礼，这是不以继承君位者自居，所以不行拜礼。哭着起立，是表示敬爱父亲。起身后不与宾客私下交谈，是不贪求私利。”

鉴读

春秋时代，虽然诸侯国之间战事频生，但礼仪之风在这一时代却极为盛行。王道的实现除国家的实力之外，与君王的个人修为也有极大的关系。君王恪守礼仪，才能使众人顺服、人心归附。公子重耳做到了这一点，在权力的诱惑下不为所动，流亡国外却不以国君之名自居，也正如此，他才能称雄一时，成为春秋五霸之一。

公子重耳的经历成功表现出礼仪的重要性。在我们看来，礼作为一种不同于法的、非强制性的社会规范，它的操守与

重耳流亡

人自身品性的修养是密切关联的，而且礼的操守更多的是靠人们内心的自觉。然而在权力、美色、金钱、名誉、地位等现实的诱惑面前，人们最容易迷失自我，人性中的恶总是能轻易地把礼的约束摧毁，因而礼的作用和影响力也就十分有限。但是社会不能没有秩序，生活不能失去规范，礼在现代社会的作用即使再小，也是需要受到重视的。礼仪不仅有助于社会秩序的维持，更有助于提升人们的自身修养，有助于一个国家的精神文明建设。

吴侵陈

原文

吴侵陈，斩祀杀厉。师还，出竟，陈太宰嚭使于师，夫差谓行人仪曰："是夫也多言。盍尝问焉？师必有名，人之称斯师也者，则谓之何？"太宰嚭曰："古之侵伐者，不斩祀、不杀厉、不获二毛。今斯师也，杀厉与？其不谓之杀厉之师与？"曰："反尔地，归尔子，则谓之何？"曰："君王讨敝邑之罪，又矜而赦之，师与有无名乎？"

译文

吴国入侵陈国，毁坏了陈国祭祀的场所，杀死了患疫病的人。后来吴军返回，走出了陈国边境。陈国的太宰嚭出使吴军。吴王夫差对行人仪说道："太宰嚭这个人能言善辩，我们何不试着问问他？出兵打仗一定要有个名目，如果人们问起我们的军队，该怎么称呼呢？"太宰嚭回答说："古时候，当一国侵略别国时，不会将祭祀场所破坏，不会将患疫病的人杀死，不会将两鬓斑白的老人俘虏。现在吴国的军队不是杀了患疫病的人吗？难道不可以称之为屠杀病人的军队吗？”夫差说：“如果我返还陈国的土地，放归陈国被俘的子女，那又该怎么称呼我们的军队呢？”太宰嚭回答说：“君王兴师讨伐我国的罪名，又同情并赦免我们，这样的军队还会没有好的名目吗？”

鉴读

以旁观者的眼光看来，春秋时代没有所谓正义的战争，但是在当时，诸侯倘要发动战争，必须“师出有名”，否则在道义上说不过去，难以收服人心。吴王夫差入侵陈国，攻城略地，烧杀劫掠，本已不义，却还要问陈国的太宰嚭，自己师出何名，足见其狂妄自大。然而，太宰嚭的回答却使得吴王夫差无言以对，其论辩艺术令人赞叹不已。

反过来说，吴王实在不该问这个问题的，因为不管找出多么堂皇的借口，不论挂上多么好听的名号，有的界线是千万不能跨越的，如杀害弱者，俘虏百姓，抢劫财物等等，这些不人道的行径，是任何名目都掩盖不了的。

杜蒉扬觯

原文

知悼子卒，未葬，平公饮酒，师旷、李调侍，鼓钟。杜蒉自外来，闻钟声，曰：“安在？”曰：“在寝。”杜蒉入寝，历阶而升，酌曰：“旷饮斯。”又酌曰：“调饮斯。”又酌，堂上北面坐饮之，降，趋而出。

平公呼而进之，曰：“蒉！曩者尔心或开予，是以不与尔言。尔饮旷，何也？”曰：“子卯不乐。知悼子在堂，斯其为子卯也大矣。旷也，太师也，不以诏，是以饮之也。”“尔饮调，何也？”曰：“调也，君之亵臣也，为一饮一食，忘君之疾，是以饮之也。”“尔饮，何也？”曰：“蒉也，宰夫也，非刀匕是供，又敢与知防，是以饮之也。”平公曰：“寡人亦有过焉，酌而饮寡人！”杜蒉洗而扬觯。公谓侍者曰：“如我死，则必毋废斯爵也。”

至于今，既毕献，斯扬觯，谓之杜举。

译文

知悼子死了，还没有下葬，晋平公就在宫内饮酒，师旷、李调在一旁陪侍，击钟奏乐。杜蒉从外面进来，听见钟声，就问：“君王在哪里？”回答说：“在寝宫。”杜蒉进入寝宫循阶登堂，斟了杯酒说：“师旷，喝了这杯！”又斟上酒说：“李调，喝了这杯！”又斟上酒，自己在堂上面朝北坐下喝完便下台阶，快步走了出去。

晋平公唤住他，叫他进来，说：“蒉，刚才你心里或许是想开导我，所以我没有和你说话。你罚师旷喝酒，是为什么呢？”杜蒉回答说：“在甲子、乙卯忌日，君王不得饮酒作乐。现在知悼子的棺柩还停放在堂上，这比甲子、乙卯的禁忌更严重了！师旷身为太师，不把这个情况告知君上，所以罚他喝酒。”“你罚李调喝酒，又是为什么呢？”答：“李调是您亲信的近臣，为贪图吃喝而忘记提醒君王违礼的过失，所以罚他喝酒。”“那么你罚自己喝酒，又是为什么呢？”答：“我嘛，是个厨师，不去专门料理餐具、饮食，还敢于越职参与纠察、防止违礼的事情，所以罚自己喝酒。”晋平公说：

杜蒉斟酒谏平公

“寡人也有过错，斟上酒罚寡人吧。”杜蒉洗净觯，斟上酒，高高举起，献给晋平公。晋平公对陪侍者说：“如果我死了，一定不要废弃这只觯！”

直到现在，晋国的国宴上，主人在敬酒完毕后，还要添加一个向国君举觯的动作，叫做“杜举”。

鉴读

在古代，臣子劝谏君王是一门学问。毕竟伴君如伴虎，不是所有人都很乐意听逆耳忠言的。因而古人在谏君方面，表现出了他们超凡的智慧。在注重效果、坚守信念、符合礼仪的前提之下，士人追求谈吐举止的高雅得体，这一风气在春秋时代已十分普遍。表达的道理要正确，要具有说服力和穿透力，而表达的方式又要注意技巧，语气要含蓄委婉，并具有感召力和激发力，使人感觉表达的整个过程似乎不包含劝谏的内容。这就像一出经过精心构思的戏，充满戏剧性，劝谏者就好比导演，巧妙地在戏中达成了劝谏的目的，令人称叹。

杜蒉就是凭着独特的方式来劝诫晋平公，在没有引起不快的情况下达成了目的，用心可谓良苦。古人劝谏的智慧，如同珍宝，值得我们重视。

陈子车死于卫

原文

陈子车死于卫，其妻与其家大夫谋以殉葬，定而后，陈子亢至，以告曰：“夫子疾，莫养于下，请以殉葬。”子亢曰：“以殉葬，非礼也。虽然，则彼疾当养者孰若妻与宰？得已，则吾欲已。不得已，则吾欲以二子者之为之也。”于是弗果用。

译文

陈子车死在了卫国，他的妻子和管家商量用活人为他殉葬，并下了决定，后来陈子亢来了，二人告诉陈子亢说：“他抱病而亡，没有人在黄泉侍奉他，希望能用活人殉葬。”陈子亢说：“用活人殉葬不符合礼法。即使要用活人殉葬，他抱病而死，那么应当侍奉他的人，除了妻子和管家之外，难道还有更好的人选吗？如果不用人殉葬，那正是我的想法。如果一定要这样做，那我想用你们二人殉葬。”于是，妻子和管家最终没有用活人殉葬。

鉴读

古人认为，人死之后灵魂依然存活在阴间，理应如生前一样继续享受荣华富贵。因此，古时候君王或贵族死后流行用活人殉葬，这无疑是一种极为残酷野蛮的行为。

这种做法在当时，就有圣人出来反对。典型的例子就是孔子，他曾说：“始作俑者，其无后乎！（第一个用人形陶俑殉葬的人，他大概是断子绝孙的吧！）”即使是以陶俑代替活人殉葬，孔子也予以了强烈的批判。

本段中，陈子亢就对人殉表示反对。然而陈子亢的反驳技巧也很高超，并不是言之凿凿地讲大道理，也不是义愤填膺地斥责。而是以其人之道还治其人之身：在妻子和管家决定要人殉的时候，陈子亢就言明，若非要人殉，那最合适的人选莫过于二位了。这种欲擒故纵的方法，令人不信服也难。

卫献公出奔

原文

卫献公出奔，反于卫，及郊，将班邑于从者而后入。柳庄曰:“如皆守社稷，则孰执鞍靮而从？如皆从，则孰守社稷？君反其国而有私也，毋乃不可乎？”弗果班。

译文

卫献公流亡在外，后返卫国，走到城郊，想分赏封邑给和他一起逃亡的人，而后再进城。柳庄说：“如果所有人都保家卫国，有谁为您奔走、给您效力呢？如果所有人都跟随您，谁又来保家卫国呢？君王返回自己的国家却抱有私心，这恐怕不行吧？”于是，卫献公没再分赏封邑。

鉴读

赏与罚的正确运用对统治者来讲，是极为重要的课题，尤其是在天下初定之时，论功行赏几乎是君王的头等大事。当初楚汉相争之时，韩信即因没有受到应有的封赏而弃项羽奔刘邦，后来刘邦建立汉朝之后，也曾因行赏没有服众，几乎招致武将谋反。文段中，卫献公面临的也是行赏的难题，往往顾此失彼，最后只好都不赏赐。

赏罚如何分明，的确不是一件易事。一碗水端不平，自然会引出矛盾；矛盾一旦尖锐，不但有违行赏的初衷，统治者自身的地位也会不稳。

卫献公流亡归来

诚然，事物的各方面有时难以全部顾及，然而我们在原则上、大体上都必须做到公平、公正，尽可能让众人心服口服；如果涉及到一些特殊情况，不要抱有私心，要善于听取大家的意见，这样，事情的处理会变得顺利。

战于郎

原文

战于郎，公叔禺人遇负杖入保者息。曰：“使之虽病也，任之虽重也，君子不能为谋也，士弗能死也，不可。我则既言矣。”与其邻重汪踦往，皆死焉。鲁人欲勿殇重汪踦，问于仲尼。仲尼曰：“能执干戈以卫社稷，虽欲勿殇也，不亦可乎！”

译文

齐、鲁两国战于郎。公叔禺人碰见一个拄着拐杖进城堡来休息的人。公叔禺人说：“虽然徭役让百姓生活得很辛苦，赋税让他们背负沉重的负担，然而君子不能为国家出谋划策，士人不能战死沙场，这不行啊！我既然这样说了，就要做到啊！”于是，他和邻家的少年汪踦参加了战争，后来两人都在战场上牺牲了。鲁国人不想以小孩的葬礼为汪踦治丧，于是请教孔子。孔子说：“他们能拿起武器保家卫国，不用小孩的葬礼来安葬，那也是合理的啊！”

鉴读

曹植《白马篇》写到：“捐躯赴国难，视死忽如归。”

公叔禺人和汪踦，在国家的危难关头，勇赴战场，马革裹尸，这一为国捐躯的壮举体现了他们强烈的爱国主义精神。他们二人的行为说明，在国家内忧外患的情况下，首先要问的，是自己能为国家做点什么，而不是想着能从国家那里得到什么。一心想着报效家国，死后也能得到人们的尊重。

汪踦虽然年少，死后按照礼法只配使用小孩的葬礼，但是他既然能拿起武器，拼战沙场，这样的魄力就赢得了大人的认可。汪踦也因此破例享有了更高规格的葬礼。

苛政猛于虎

原文

孔子过泰山侧，有妇人哭于墓者而哀。夫子式而听之，使子路问之，曰："子之哭也，壹似重有忧者。"而曰："然。昔者吾舅死于虎，吾夫又死焉，今吾子又死焉。"夫子曰："何为不去也？"曰："无苛政。"夫子曰："小子识之！苛政猛于虎也！"

译文

孔子从泰山脚下路过，有个妇人在坟墓前哭得很伤心。孔子立起身来靠在横木上倾听哭声，让子路去问问那个妇人是怎么回事。子路问："您哭得这么悲痛，好像有很伤心的事。"妇人就说："是的。从前我的公公被老虎吃了，后来我的丈夫也被老虎吃了，现在连我的儿子也被老虎吃了。"孔子问道："那为什么不离开这里呢？"回答道："这里没有赋税和徭役。"孔子说："年轻人，要记住：赋税和徭役比老虎还要凶猛可怕！"

孔子过泰山侧

鉴读

“苛政猛于虎！”残酷的政治竟然比凶猛的老虎还要可怕，妇人的家人都被老虎吃了，却仍留在这个地方，就是因为这里没有苛政的残害。这不禁让人联想到柳宗元的《捕蛇者说》一文，文中的主人公世代以捕蛇为生，虽然祖辈都被毒蛇咬死，但为了免交赋税，他们一家宁可捕蛇。残酷的剥削和压迫，使得民不聊生。在暴政面前，个人几乎无力反抗，以至于平民百姓宁为野兽所杀，也不愿忍受统治者的折磨。这是何其可怕啊！

鲁人有周丰也者

原文

鲁人有周丰也者，哀公执挚请见之，而曰：“不可。”公曰：“我其已夫！”使人问焉，曰：“有虞氏未施信于民而民信之，夏后氏未施敬于民而民敬之，何施而得斯于民也？”对曰：“墟墓之间，未施哀于民而民哀，社稷宗庙之中，未施敬于民而民敬。殷人作誓而民始畔，周人作会而民始疑。苟无礼义忠信诚悫之心以莅之，虽固结之，民其不解乎！”

译文

鲁国有个叫周丰的人，鲁哀公拿着礼物去拜见他，他却说：“不见。”哀公说：“我不能就此罢休。”于是，哀公便派了使者去问：“虞氏没有以信义教化百姓，却得到百姓的信任；夏禹没有以诚敬教化百姓，却得到百姓的尊敬。那要对百姓进行怎样的教化才能得到他们的信任和尊敬呢？”

周丰回答说："在废墟和坟墓间，不用教百姓悲伤，百姓自然会悲伤；在社稷和宗庙中，不用教百姓恭敬，百姓自然会恭敬。殷朝曾经用誓言作为约束，而百姓仍背叛了他们；周朝举办盟会以团结百姓，百姓还是对他们失去了信任。如果没有真心真意、实实在在的诚意治理国家，即便当时能让百姓团结安定，但最终百姓不是依然离散了吗？"

鲁哀公

鉴读

这段话表达的主旨是：身教重于言教。教化百姓，让百姓都能文明懂礼，与其对他们滔滔不绝地说教，不如让百姓置身于充满文化内涵的环境当中，耳濡目染，这样的效果自然是无声胜有声。例如，置身于废墟、墓地之间，百姓自然能发出悲痛之情；置身于宗庙之内，百姓自然会懂得恭敬之礼。因此，为百姓创造一定的条件，营造充足的文化氛围，教化的目的往往不言自达。

不食嗟来之食

原文

齐大饥，黔敖为食于路，以待饿者而食之。有饿者，蒙袂辑屦，贸贸然来。黔敖左捧食，右执饮，曰：“嗟！来食！”扬其目而视之，曰：“予唯不食嗟来之食，以至于斯也。”从而谢焉，终不食而死。曾子闻之，曰：“微与！其嗟也可去，其谢也可食。”

译文

齐国出现大饥荒，黔敖准备好饭食放于路边，供路过的饥饿之人食用。一个饥饿之人用袖子遮挡着脸，筋疲力尽地缓缓走来。黔敖左手拿饭，右手端汤，说：“嗟！来吃吧！”那人扬起眉头抬眼盯着他说：“我就是因为不愿意吃嗟来之食，才落到如此地步！”黔敖追过去，向他赔礼，他仍坚决不吃，最终饿死了。曾子听说了这件事后感叹道：“不应该这样吧！黔敖无礼时，自然可拒绝，但其道歉后，就可以去吃了。”

鉴读

不食嗟来之食是维护人格尊严的傲然之举。

做人要有骨气。齐人宁可饿死，也不愿接受不礼貌的施舍，大有宁为玉碎不为瓦全之气节。

人格尊严不容轻视，这一观念在任何时代有其存在的价值和必要性。放到现在来说，就是物质追求与精神追求的取舍问题，在个人尊严受到极大侮辱的情况下，宁可舍弃物质财富，也要维护自己的名节，否则和摇尾乞怜的看家犬有何区别呢？因而，尊严是一个人安身立命必不可抛的东西。

但是有一点值得注意，那就是我们说做人要有尊严并不是鼓励人我行我素，孤傲自负，这是一种极端的表现，并不是为人处世的好办法。齐人没有接受不礼貌的施舍，后来施

黔敖向饥饿之人道歉

舍者黔敖过来道歉，但齐人依旧拒绝了。曾子认为，齐人的做法未免太过执拗，没有辩证地看问题。这里的问题就很值得我们思考，当面对他人的救助，何时该接受，何时该拒绝，我们要有自己的想法才好。

晋献文子成室

原文

晋献文子成室，晋大夫发焉。张老曰："美哉轮焉！美哉奂焉！歌于斯，哭于斯，聚国族于斯。"文子曰："武也得歌于斯，哭于斯，聚国族于斯，是全要领以从先大夫于九京也。"北面再拜稽首。君子谓之善颂善祷。

译文

晋国献文子的宫室落成，晋国的大夫们都前往祝贺。张老赞美说："多美啊！这么高大！多美啊！这么华丽！今后可以在这里祭祀作歌，在这里居丧哀哭，在这里同国宾宗族聚会宴饮。"献文子说："我赵武能够在这里祭祀作歌，在这里哭丧，在这里同国宾宗族聚会宴饮，表明我将来保全了身体，能同先祖先父合葬在九原啊！"于是向北面两次叩头，表示感谢。君子称他们是一个善于赞美祝福，一个善于祈祷免祸。

鉴读

张老和献文子的对话，一个是赞颂，一个是祷告，都是宫室落成之后的颂词，似乎没什么实际意义。但是就在这简

单的对话中，我们仍能感受到其中的内涵。

张老是以大夫的身份前来祝贺，首先称赞宫室的宏伟华丽，然后歌颂宫室的通途，如祭祀、宴饮之类，由此在张老的话语中，除赞颂之外，还有一层规劝之意。

献文子在大夫前来祝贺的场景下，是全场的主角，说话必须大方得体，听了张老的话，他于是开始祈祷，开始许愿，表明了自己的心志。

细细揣摩其中的韵味，对提升我们的谈吐水平有很好的作用。

此外，这段话引出了一个成语，即“美轮美奂”：用来形建筑物的高大华美。

季孙之母死

原文

季孙之母死，哀公吊焉。曾子与子贡吊焉，阍人为君在，弗内也。曾子与子贡入于其厩而修容焉。子贡先入，阍人曰：“乡者已告矣。”曾子后入，阍人辟之。涉内溜，卿大夫皆辟位，公降一等而揖之。君子言之曰：“尽饰之道，斯其行者远矣。”

译文

季孙的母亲去世了，哀公来吊唁。曾子与子贡也前来吊唁，因为哀公在，守门的人坚决不让他们进入。曾子与子贡到马厩里修饰了一下仪容。子贡先进去，守门的人说：“我刚刚已经通报了。”曾子随后进入，守门的人让路而放行。待他们进入室中央时，卿大夫们都离开原位，哀公也从阶梯上走下一级，向他们行礼。君子评论此事时说道：“尽量整理好仪表，这样才能通行无碍啊！”

鉴读

这是一段有关礼仪的叙述。大方雅观的仪容举止就像是一个人的通行证，仪容符合规范的人往往能受到礼遇。一个人的仪容相貌，就好比商品的包装一样，外包装越是精致华美，越容易吸引人的眼球，从而能争得更多的市场。

每个人都需要包装。即使是曾子、子贡这样的贤人，本身具有良好的学识和品德，却仍因没有很好地包装而被人拒之门外；但是当他们修饰好仪容之后，立马得以通行。

包装固然重要，但是也容易使人们以貌取人，他们的才华也有可能因为外表的寒酸而埋没。同样，一些空有其表的人也会通过矫饰取得上位，以次充好。对于这两种情况，我们应该仔细辨别才对。

曾子、子贡吊唁

阳门之介夫死

原文

阳门之介夫死，司城子罕入而哭之哀。晋人之觇宋者，反报于晋侯曰："阳门之介夫死，而子罕哭之哀，而民说，殆不可伐也。"

孔子闻之曰："善哉觇国乎！《诗》云：'凡民有丧，扶服救之。'虽微晋而已，天下其孰能当之？"

译文

宋国阳门一个卫士死了，司空子罕进城哭得甚为悲戚。晋国派到宋国的间谍向晋侯报告说："宋国阳门的一个卫士死了，子罕哭得很厉害，百姓都大为感动，此时怕不适合讨伐宋国吧！"

孔子听说这件事后说道："此人真善于刺探情报啊！《诗》中说：'凡民有丧，扶服救之。'虽然想进攻宋国的不止晋国一个，但纵观天下又有哪个国家敢和宋国抗衡呢？"

鉴读

宋国死去了一个卫兵，司空子罕哭得十分伤心，以至于举国哀痛。当时，晋国想讨伐宋国，凭借晋国在当时的实力，攻打宋国完全没问题。然而晋国的间谍却提出此时不宜攻宋，这是为何？

《老子》里面说道："故抗兵相加，哀者胜矣。"后来

由这句话产生了一个成语，即哀兵必胜。当众人都抱着哀痛和悲愤的心情时，紧密团结，同仇敌忾，就能够表现出非凡的战斗力，不可战胜。

平时弱小的军队在特定形势下，能如此强悍，人心在此起了至关重要的作用。在举国同悲的情况下，万民都怀着一颗炽热的心，大敌当前，人人都体现出绝不屈服的气概。这样的气概，这样的士气，就是再强大的敌人，也会被震慑住。正因如此，孔子才会发出“天下其孰能当”的感叹。

赵文子与叔誉观九原

原文

赵文子与叔誉观乎九原。文子曰：“死者如可作也，吾谁与归？”叔誉曰：“其阳处父乎？”文子曰：“行并植于晋国，不没其身，其不足称也。”“其舅犯乎？”文子曰：“见利不顾其君，其仁不足称也。我则随武子乎！利其君，不忘其身；谋其身，不遗其友。”晋人谓文子知人。文子其中退然如不胜衣，其言呐呐然如不出诸其口。所举于晋国，管库之士七十有余家。生不交利，死不属其子焉。

译文

赵文子与叔誉一起去九原巡察。赵文子说：“如果死人可以复活，我该跟随谁呢？”叔誉说：“就跟随阳处父吧？”赵文子说：“他在晋国横行刚直，没得到善终，不值得称道。”叔誉说：“那就跟随舅犯吧？”赵文子说：“他见利忘义，不顾自己的君王，也不值得称道。还是跟随武子吧，他既能为君王谋利，又能顾及自身的利益；既能替自己打算，又不

赵文子举荐官员

忘朋友。”晋人称赞赵文子很能知人。赵文子身体柔弱，好像连衣服都撑不起来，说话又很迟钝，好像有话说不出。他给晋国推举了七十多位看管仓库的人做官。这些人生前不贪图小利，临终也不把自己的子女托付给他人。

鉴读

这段话通过记述赵文子的一些言语和事迹，称赞了赵文子清正廉明、睿智谦虚的高贵品质。这固然值得称赞。但除此之外，这段文字还体现了赵文子的另一项品质，即知人。赵文子很能知人，表现在两个方面。

首先，赵文子知能善任，而且尤其看好廉正之人。他推举了七十多位掌管仓库的人做官，这些人的共同特点就是，在看管仓库的时候从未贪图小利，以权谋私。

其次，赵文子对于如何为人，有自己的观点，即既能保全自己，又能顾及他人。这就是赵文子心中的为人之道，他和叔誉的谈话就体现了这点。一个人不能太过刚直蛮横，否则只会害了自己；但又不能自私自利，全然不替君王、朋友分忧。当然最高明的办法，引用原文就是：“利其君，不忘其身；谋其身，不遗其友。”

廉洁的品质、为人的智慧，是赵文子教给我们的很好的为官、做人之道。

昔者仲尼与于蜡宾

原文

昔者仲尼与于蜡宾，事毕，出游于观之上，喟然而叹。仲尼之叹，盖叹鲁也。

言偃在侧曰："君子何叹？"

孔子曰："大道之行也，与三代之英，丘未之逮也，而有志焉。大道之行也，天下为公。选贤与能，讲信修睦，故人不独亲其亲，不独子其子，使老有所终，壮有所用，幼有所长，矜寡孤独废疾者，皆有所养。男有分，女有归。货，恶其弃于地也，不必藏于己；力，恶其不出于身也，不必为己。是故谋闭而不兴，盗窃乱贼而不作，故外户而不闭，是谓大同。今大道既隐，天下为家，各亲其亲，各子其子，货力为己，大人世及以为礼。城郭沟池以为固，礼义以为纪；以正君臣，以笃父子，以睦兄弟，以和夫妇，以设制度，以立田里，以贤勇知。以功为己，故谋用是作，而兵由此起。禹、汤、文、武、成王、周公，由此其选也。此六君子者，未有不谨于礼者也。以著其义，以考其信，著有过，刑仁讲礼，示民有常。如有不由此者，在势者去，众以为殃。是谓小康。"

孔子叹鲁

译文

从前，孔子参加鲁国的蜡祭，祭祀结束后，他出来在宗庙门外的楼台上游览，不觉便感慨长叹。孔子的感叹，大概是因为鲁国的现状。

言偃在他身边问道：“老师为什么叹息？”

孔子回答说：“大道实行的时代，以及夏、商、周三代英明君王当政的时代，我孔丘都没有赶上，但古书记录了当时的盛况。大道实行的时代，天下是属于公众的。选拔道德高尚的人、推举有才能的人来治理天下，人们之间讲究信用，和睦相处。因此，人们不只是敬爱自己的父母，不只是疼爱自己的子女，还可使老年人得到善终，青年人充分施展才能，年幼儿童有健康成长的条件，鳏夫或寡妇、孤儿或无后老者、残疾或生病的人都可以得到照顾。男子都有自己的职业，女子各有自己的夫家。财物，人们厌恶它被任意地抛弃在地上，但不一定要收藏在自己家里。力气，人们担心它不能从自己身上使出来，但不一定是为了自己。因此，阴谋诡计被抑制而无法实现，盗窃、造反、害人的事情不会出现，因此不必外出就把大门关上，这样高度太平、团结的社会就叫做大同世界。如今大道已经消失不见，天下成为私家的。人们只敬爱自己的父母，只疼爱自己的子女，对待财物和力气都是为了自己，天子诸侯世袭相传作为礼制。修建城郭沟池作为坚固的防守，制定礼仪作为纲纪；用来确定君臣关系，使父子关系淳厚，使兄弟关系和睦，使夫妻关系和谐，使各种规制法度得以确立，划分田地和住宅，尊重有勇有智的人。为了自己建功立业，因此奸诈之心由此产生，战乱也由此兴起。夏禹、商汤、文王、武王、成王、周公，是凭借礼义治理国

家的杰出人物。这六位杰出人物，有哪个不谨慎奉行礼制的？他们彰显礼制的内涵以表彰人们正确的行为，用礼来考察人们的信用，用礼来揭露人们有过错的行为，把仁爱定为法式，讲求树立礼让的典范，用礼给民众确定要遵循的规范。如果有不遵循礼仪的人，在位的就会被罢免，老百姓把他当做祸害。这就叫做小康。”

鉴读

在多数人眼中，我们的孔老夫子大概是一位满腹诗书、博古通今的贤人，或者是一位积极向上、身体力行的实践家。诚然如此。不过我们还应认识到，孔子是一位多愁善感的理想主义者。

在那个王纲解纽、礼崩乐坏的春秋时代，心性高洁、志向深远的孔子，他的内心情感其实是很压抑的。孔子是一个感情极为丰富的人，多舛的人生旅途，带给孔子颇多的人生感触。对于孔子心向往之的“大同”世界的历史真实性，我们完全没必要太过认真地予以看待。孔子内心构建出来的美好社会，我们宁可将之看作是一种类似于陶渊明的“桃花源”的理想境界。至于孔子真心描述出来的小康社会，或许更多的是圣人心中对于人生和社会的某种体悟。

但是，这当中展现了一种理想社会同现实社会的鲜明对照，一种对人的生存状况的深切关注。核心是为公和为私，天真淳朴和阴险奸诈的强烈反差。在这种对比和反差当中，孔老夫子并没有不顾现实地追求浪漫理想，这也正是孔子品格的可贵之处：尽管生不逢时，无法生活在大同世界，但“小康”却也有值得赞美之处；现实虽然礼乐制度不如从前，却也有值得效法的楷模；社会虽然动荡不安，毕竟也还有让人欣慰的闪光之处。

实际上，历史的变化与发展，自有其客观规律。感叹时局的昏暗，却无法改变自己在当下的处境，人们不得不在这样的客观环境中进行选择。依今天的看法，从氏族部落的公有制向集权世袭的私有制的转变，是历史的必然走向，好或者坏的简单评价是无济于事的。

人作为群居的社会动物，无论是公有制还是私有制，恐怕最关键的还是需要有种合理的规则来对人们的言行进行规范。这是从整个社会群体的运行机制的角度来说的。而从个人的角度说，道德风尚则是至关重要的。人心的美好与丑恶，伦理关系的和睦还是疏远，价值取向是为公还是为私，对个人的生存状态影响重大。理想固然不可没有，但更需结合实际才说得过去。

昔者先王未有宫室

原文

昔者先王未有宫室，冬则居营窟，夏则居橧巢；未有火化，食草木之实，鸟兽之肉，饮其血，茹其毛；未有麻丝，衣其羽皮。后圣有作，然后修火之利：范金，合土，以为台榭、宫室、牖户；以炮，以燔，以亨，以炙，以为醴酪；治其麻丝，以为布帛。以养生送死，以事鬼神上帝，皆从其朔。

译文

先前，先王没有宫殿居住，冬天住在石垒的窟洞里，夏天住在筑于树间的巢室中。那时还没有用火，古人食用的是草木的果实，鸟兽的肉，连毛带血地生吃；没有麻丝，就用

帝王宫殿

鸟的羽毛和兽的皮做成衣服穿。后来圣人出现，教会人们使用火种，为人们的生活带来了便利。人们学会用模型铸造金属工具，用泥土烧制器皿，建造台榭、宫室、窗户和门；学会用火烤熟食物再食用；学会煮果实、酿制酒液；学会用麻丝做成布帛。这样来养育活着的人并丧葬死者，祭祀鬼神上帝，后来的一切活动都是由此开始的。

鉴读

人类社会从原始到文明，从简单到复杂，这是现代人普遍了解的常识。但古人对此却未必如此了然于心。人们何时懂得用火？何时懂得耕作？何时懂得建造房屋？又是何时制定了礼法？今天的一切都是源自于古人的创造吗？

这段文字对此作出了解答。对于社会中“礼”的产生，文中更加强调了礼制是随着物质文明的发展和社会生活的日益复杂化而出现的道理，人们对秩序和规范的需求是产生于社会物质文明发展进步的基础之上的。

“仓廪实而知礼节，衣食足而知荣辱。”古人对经济基础和意识形态的相互关系具有很高的认识。但是，本文段中把物质文明的进步归功于“先王”等若干圣人的观点却值得怀疑。圣人对社会发展的贡献自然不可否认，但圣人并非具有通天本事的神人，并不具有法力无边的创造力，甚至还可能扼杀先进事物的发展。对待古代的圣人，可以敬重却大可不必顶礼膜拜、奉为神明。如果把圣人还原到普通人的位置上，那么对大道理的说明，便会更易为广大群众接受。否则，人们可能只是把圣人当做神来看待，对于圣人的真正意义，知之者寥寥。

玉不琢，不成器

原文

发虑宪，求善良，足以谀闻，不足以动众。就贤体远，足以动众，未足以化民。君子如欲化民成俗，其必由学乎！

玉不琢，不成器；人不学，不知道。是故古之王者建国君民，教学为先。《兑命》曰："念终始，典于学。"其此之谓乎！

译文

发布政令，征求品德善良的人，只能取得小小的声誉，却不足以感动大众。接近贤明的人，亲近和自己疏远的人，就能感动大众，但还不能起到教化大众的作用。君子想要教化大众，并形成好的风俗，就必须从教育着手。

玉石不经雕琢，就不能变成好的器物；人不通过学习，就不会明白道理。所以，古代的君王建立国家，治理民众，都把教育作为首要的事情。《尚书·兑命》中说："始终要以设学施教为主。"说的大概就是这个道理吧！

鉴读

这里谈到的是教育对于一个国家的重要性。美好的品德、先进的知识，只是一个人拥有，终不能成为大的气候，若是想要提升整个国家国民的个人素质，就必须从推广教育着手。文中通过"玉不琢，不成器"的道理来阐述教育的重要性。

玉石虽生成于天然，但要成为有用的东西，还得要经过工匠的打磨。儒家一方面承认了人人与生俱来的品质和才能（正如浑天而成的玉石），另一方面更加强调挖掘和发展人的天赋的重要性（玉石需经过雕琢才能成为玉器）。玉石成为玉器的过程，就是一个教育的过程，唯有教育才能使个人的才能得到充分的展现。

教化民众，教学为先

虽有嘉肴

原文

虽有佳肴，弗食不知其旨也。虽有至道，弗学不知其善也。故学然后知不足，教然后知困。知不足，然后能自反也。知困，然后能自强也。故曰：教学相长也。《兑命》曰："学学半。"其此之谓乎。

译文

虽然有可口美味的菜肴，不吃是不会知道它的甘美的；虽然有高深完善的道理，不学习也不会了解它的好处。所以，通过学习才能知道自己的不足，通过教人才能感到困惑。知道自己学业的不足，才能反过来严格要求自己；感到困惑然后才能不倦地钻研。所以说：教与学是互相促进的。《尚书·兑命》说："教与学是一个事情的两个方面。"说的就是这个道理啊！

鉴读

这段文字和上一篇是紧密相连的。前面已经阐述了教育的重要性，教育涉及到的是教学的过程，所谓教学，即包含教和学两个方面，缺失任何一方面，教学都将失去其意义。这里谈的就是个人学习的重要性。

儒家思想有一个很大的特点，那就是非常注重实践，只有身体力行，才能真正学到知识。正如陆游诗云："纸上得

来终觉浅，绝知此事要躬行。”在教学的过程中，传授者的职责往往只是引导方向，而要获得真正的道理，只有通过学习者自身的努力才行。毛主席就曾说过，要想知道梨子的滋味，就要亲口尝一尝。这道理是一样的。

古之教者

原文

古之教者，家有塾，党有庠，术有序，国有学。比年入学，中年考校。一年视离经辨志，三年视敬业乐群，五年视博习亲师，七年视论学取友，谓之小成。九年知类通达，强立而不反，谓之大成。夫然后足以化民易俗，近者说服而远者怀之。此大学之道也。《记》曰：“蛾子时术之。”其此之谓乎。

译文

古时的教育，每二十五户的“闾”设有的学校叫“塾”，每一“党”设有的学校叫“庠”，每一“术”设有自己的学校叫“序”，天子或诸侯的国都还设有大学。每年有新生入学，每隔一年对学生考查一次。第一年考查学生断句分章等基本阅读能力，第三年考查学生是否专心学习和亲近同学，第五年考查学生是否精专广博且敬爱师长，第七年考查学生对学问的见解和对朋友的选择。如果考查合格，叫做“小成”。第九年考查学生是否知识畅达，能触类旁通，能遇事不惑，不违背师训，合格的就叫做“大成”。唯有这样，才能教化百姓，改变风俗，周围的人能心悦诚服，远方的人也都来归附。这就是大学教人的宗旨。《记》说：“应学习小蚂蚁衔土不

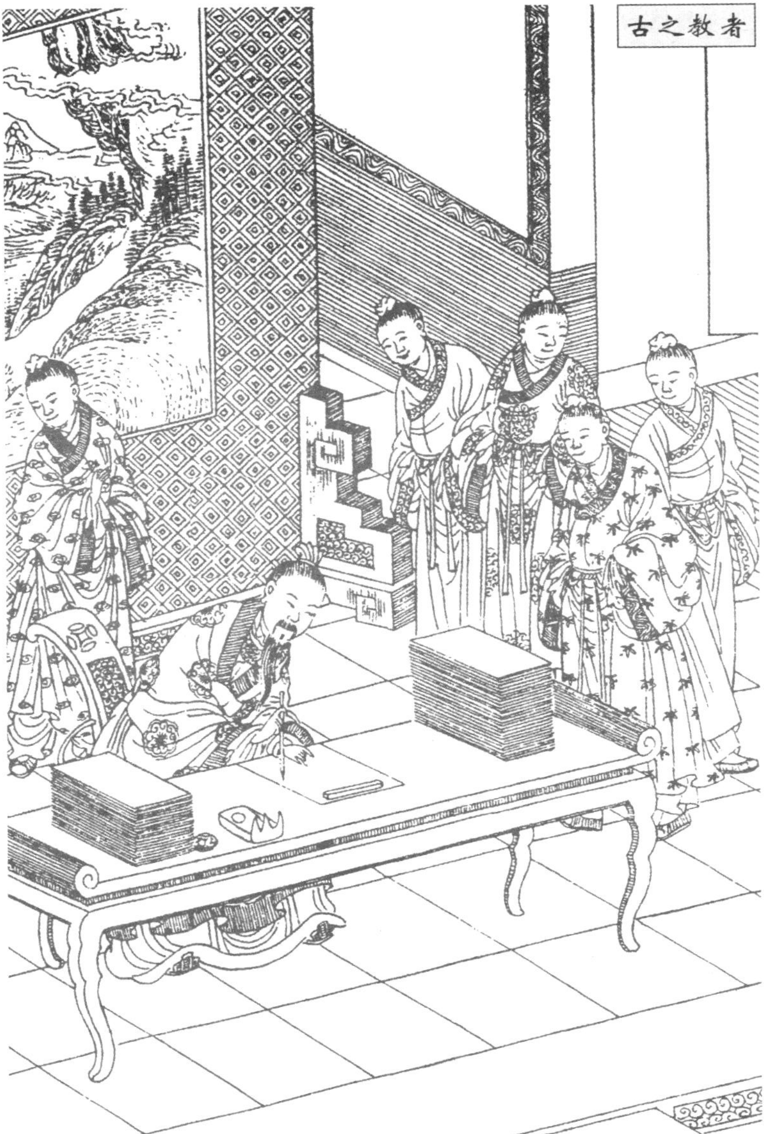
古之教者

息而成土堆的精神。”说的就是这个道理啊！

鉴读

学习是一个漫长而又艰辛的过程，需要不断积累，循序渐进。在求学的过程中，需要设立一整套的制度和措施，像课程设置、教学方法、考试制度等内容是完全有必要的。古人对此也是极为重视的，《孟子·滕文公》内有一段话：“设为庠序学校以教之。庠者养也，校者教也，序者射也。夏曰校，殷曰序，周曰庠，学则三代共之。”通过这段话，我们就可以看出古代教育制度的发达。学校一词，三代都有各自的称谓，但其意义是相同的。

值得注意的是，教学在古人眼中往往是功利的。统治者推行教育，为的是教化万民，安抚四方；士人读书学习，为的是求取上位，进而教化百姓。对于教育对个人修养方面的意义，常常被人们忽视，这是不应该的，也是我们特别要注意的一点。

原文

大学始教，皮弁祭菜，示敬道也。《宵雅》肄三，官其始也，入学鼓箧，孙其业也。夏楚二物，收其威也。未卜禘不视学，游其志也。时观而弗语，存其心也。幼者听而弗问，学不躐等也。此七者，教之大伦也。《记》曰：“凡学，官先事，士先志。”其此之谓乎！

译文

大学开学的时候，士子穿着礼服，用菜来祭祀先哲，表

大学始教

示尊师重道。学生要吟诵《诗经·小雅》中的《鹿鸣》、《四牡》、《皇皇者华》三首诗，使他们一入学就有要做官的想法。入学授课时，击鼓召集学生，然后开箱取出学习用品，使他们对学业严肃。使用夏、楚两种教鞭威慑违规的学生，以维持整齐严肃的秩序。天子、诸侯没有经过占卜举行祭祀，不视察学校，让学生可以有充裕的时间按自己的意愿去学习。老师应先观察而不要事事叮嘱，以便让他们用心思考。年长的学生请教老师，年少的学生要注意听，而不要插问，因为学习应循序渐进，不能越级。这七项，是施教顺序的大纲。《记》说：“凡是教学，学官要首先安排好校务管理工作，学生要首先树立学习的志向。”说的就是这个道理啊！

鉴读

这里谈的是古代京城用以培养贵族子弟和成绩优秀的学生的高等学府“大学”里的情况。依照今天的标准，这种学校或许算不上高等学府，但却是培养特权阶层的贵族学校，自然与其他一般的学校不相同。

“大学”，是古代教育制度的重要产物，对古代教育的发展有着深远的影响。“大学”内的制度是非常严格的，不光是对学习的内容进行了明确规定，对于学习的目标和方向亦有明确要求，即培养政府官员，性质类似于政治学院。如今再来看待坐在这种贵族政治学院中学习的感受，也许大多数人都会觉得那种滋味不怎么好受。所有的一切都按部就班，每天面临的都是子曰诗云之类的功课，违反了规定就要受到体罚，寒暑的假期、体育课、声乐美术课在那时多半是没有的，因为这些和做官以及考取功名没有什么关系。学习所用的教材都是圣贤们的著作，似乎读通了这些就知晓了天下各方面

的事情，就可以参与国家政事并管理百姓了。

大概古代的政治比较简单。只要人民不起来反抗，外族不来入侵，官位不被阴谋家夺走，就算是基本合格的臣子了。如果还能为人民做点好事，就算是贤人了。如果能得到天子的赏识并提拔，升官晋爵，封荫家人，也算是圆满了。这样的官，恐怕大部分的人都能胜任。

原文

大学之教也，时教必有正业，退息必有居学。不学操缦，不能安弦；不学博依，不能安《诗》；不学杂服，不能安礼；不兴其艺，不能乐学。故君子之于学也，藏焉，修焉，息焉，游焉。夫然，故安其学而亲其师，乐其友而信其道。是以虽离师辅而不反。《兑命》曰："敬孙务时敏，厥修乃来。"其此之谓乎！

译文

大学教学要因时施教，必须有正式的课业，课后休息时也得有课外练习。不学习弹奏杂乐，就不能懂得音乐；不学习各种比喻的方法，就不能理解《诗经》；不学习做各种服饰知识，就不懂得礼仪；不重视学习各种技艺，就不能激发对学业的兴趣。所以，君子对待学习，课内受业要学好正课；休息时，要学好各种杂艺。如果能这样，就能学懂课业并尊敬师长，乐于同朋友交往并信守正道，即使离开了师长和朋友，也不会违背他们的教诲。《兑命》说："只有专心致志谦逊恭敬，时时刻刻敏捷地求学，在学业上才能有所成就。"说的就是这个道理啊！

君子就学以时

鉴读

古代贵族学校所培养出来的官员一般都是文官，在骑马射箭方面并不精通。学校除了主要教授儒家经典的课程之外，其他闲暇时间用来学习诗、书、琴、棋、画之类，学这些的目的在于提升个人修养、陶冶人的情操。但是，这并不是为了学生的全面发展做考虑，而是为了使学生能够成为君子。

贵族学校的教育方法，是孔夫子“学而时习之”这一学习方法的具体化。这就需要学生无论在什么时候，心底都得想到自己的学习情况，不可有所怠慢和荒废，应时时刻刻地学习。这种执著的精神，体现了儒家思想的现实主义特色。学习，最值得依靠的是勤奋和执著。虽然说悟性和天赋也重要，但是这些绝不能决定一个人最终的成绩。俗话说，精诚所至，金石为开。学习需要的是恒心和毅力，只要坚持不懈，就没有办不到的事情。

原文

今之教者，呻其佔毕，多其讯言，及于数进，而不顾其安，使人不由其诚，教人不尽其材。其施之也悖，其求之也佛。夫然，故隐其学而疾其师，苦其难而不知其益也，虽终其业，其去之必速。教之不刑，其此之由乎！

译文

今天教书的人，只知道念诵书本，一味进行知识灌输，急于追求快速进步，而不顾学生的接受能力，致使学生不能安下心来求学，不能因材施教，使学生的才能不能得到充分的发展。教学的方法违背了规律，提出的要求也不合学生的实际。这样，学生便对学习感到痛苦，并厌恶老师，对学习的困难感到畏惧，而不懂得学习的好处。他们虽然勉强完成了学业，但学到的东西很快就忘了。教学的目的达不到，原因就在这里啊！

鉴读

这一节讲的是当时教育普遍存在的一些问题，读了此段，似乎会觉得古人有厚古薄今的一面，总觉得过去的东西非常好，而现在却这样那样的不完美，常常感叹今不如昔。这样的缅怀过去的心理原本就是人人共有的吧。已经逝去的事物，它不好的一面总会随着时间的冲刷而越来越被人们淡忘，美好的一面却会随着时间的流逝而显得越来越突出，越来越被人们崇尚。圣人会向往过去的社会，向往尧舜的王道时代，这是有一定原因的，表明了他们对社会现状的不满和贬斥。

在教育方面，这里也说到当时教学当中的急于求成，照本宣科，不针对学习对象的特殊性，只是一味地对学生进行灌输。长久下来，学生厌恶老师、厌恶学习，教师的教学也遭遇困境。这样，作为从事教育工作的人，就应该从中汲取教训，以此为戒，对教育方法进行改进。虽然任何年代的教师都有高明和平庸的差别，学生的天赋也有聪明和愚笨的不同，就像是十个指头不一般长，这大概是不以人的意志为转移的，但是不论个体的情况怎么样，在教学的过程中，老师必须持有的教育方法是：因材施教，对症开方。

大学之法

原文

大学之法，禁于未发之谓豫，当其可之谓时，不陵节而施之谓孙，相观而善之谓摩。此四者，教之所由兴也。

发然后禁，则扞格而不胜；时过然后学，则勤苦而难成；杂施而不孙，则坏乱而不修；独学而无友，则孤陋而寡闻；燕朋逆其师；燕辟废其学。此六者，教之所由废也。

君子既知教之所由兴，又知教之所由废，然后可以为人师也。故君子之教喻也，道而弗牵，强而弗抑，开而弗达。道而弗牵则和，强而弗抑则易，开而弗达则思。和易以思，可谓善喻矣。

学者有四失，教者必知之。人之学也，或失则多，或失则寡，或失则易，或失则止。此四者，心之莫同也。知其心，然后能救其失也。教也者，长善而救其失者也。

善歌者，使人继其声；善教者，使人继其志。其言也约而达，微而臧，罕譬而喻，可谓继志矣。

君子知至学之难易，而知其美恶，然后能博喻，能博喻然后能为师；能为师然后能为长，能为长然后能为君。故师也者，所以学为君也。是故择师不可不慎也。《记》曰："三王四代唯其师。"此之谓乎！

译文

大学施教的道理在于：在错误没有发生时就加以防止，叫做预防；在适当的时机进行教育，叫做合乎时宜；不超过学生的接受能力进行教导，叫做顺应；互相取长补短，叫做切磋。这四点是教学之所以取得成功的原因。

错误发生以后再去禁止，就会遇到障碍而难以克服。过了适当时机才去学习，虽然勤勉努力，也难以有成就。杂乱无章地施教而不循序渐进，就会使学生头脑混乱而无法补救。独自学习而没有朋友互相切磋，就会孤陋寡闻。轻慢而不庄重的朋友会使人违背师长的教导。轻慢邪僻的言行会使学生荒废学业。这六点是导致教育失败的原因。

君子既懂得教学成功的原因，又懂得教学失败的原因，那样才可以当好教师。所以说教师对人施教，就是启发诱导：引导而不强迫，勉励而不压制，启发而不直接讲出来。引导而不是强迫，则师生融洽；勉励而不是压制，学生才能感到学习容易；启发而不是全部讲解，学生才会自己钻研思考。能做到师生融洽，使学生感到学习容易，并能独立思考，可以说就是善于启发诱导了。

学生在学习上可能有四种过失，老师一定要知道。人的学习，或者错在贪多，或者错在孤陋，或者错在不知深究，或者错在不求进取。这四点，是由于学生的心理和才智所引起的。老师了解了学生的心理特点，才能帮助他们克服缺点。教育的目的，就在于发挥其优点并克服其缺点。

君子循循善诱

善于唱歌的人，不仅声音悦耳，动人心弦，还能使人情不自禁地跟着唱；善于教学的人，能够启发人心，还能诱导学生自觉地跟着他学。这样的人，言辞简约而通达，含蓄而精炼，举例不多，但能说明问题。这样，才可以达到使学生自觉地跟着他学的目的。

君子懂得学习有难有易，并知道人的天资有高有低，只有这样才能因材施教，对学生进行多方面的启发诱导。能够多方面启发诱导，才能当好老师；能当好老师才能做好长官；能做好长官才能当国君。所以，拜师学习，也就是学习当国君。因此选择教师不可不慎重。《记》说：“虞、夏、商、周四代三王，选择老师都很慎重。”说的就是这个道理吧。

鉴读

这一节专门论述的是教育和学习的方法，涉及到的方面十分广泛，从及时教导、因人施教、启发诱导，到相互学习、取长补短，可以说是特别全面。在教与学上，古人对于方法的运用显得极为重视，方法的好坏可能直接关系到教学的成败。

教学需要方法，好的方法其实是源自于现实问题的。存在什么样的实际问题，就应用什么样的方法解决。老师教育的方法，也应针对学生的情况进行诱导。认清楚了问题的实质，再采取相应的措施，如此教学才能取得成功。

教育是这样，其他一切实践活动几乎也是如此。事情的成功几乎都依靠着好的方法。目标无论多么远大，理念无论多么完善，实际行动时方法不对，是难以达成目标的。成语中的“事倍功半”、“事半功倍”，都是就方法问题而言的，表明了方法在实践中的重要性。

凡学之道

原文

凡学之道，严师为难。师严然后道尊，道尊然后民知敬学。是故君之所不臣于其臣者二：当其为尸，则弗臣也；当其为师，则弗臣也。大学之礼，虽诏于天子，无北面，所以尊师也。

译文

凡是为学之道，尊敬老师是难能可贵的。教师受到尊敬，真理才会受到尊重。真理受到尊重，民众才懂得敬重学业。所以，君王不以对待臣子的礼节来对待臣子的情形有两种：一种是在祭祀中臣子担任祭主时，不应以臣下之礼来待他；另一种是臣子当君主的老师时，也不应以臣下之礼来待他。在大学的礼仪中，做老师的人虽然接受国君的召见，也不必按臣礼拜见他，这就是为了表示尊师重道。

鉴读

尊师重道四个字，估计现在的低年级学生都能脱口而出。而所谓“师道尊严”，大概就是出自本节的说法。如今，教师可能算做是一种职业，但古代的教师所受到的尊重，则被纳入到了礼教的范畴，在国君面前，老师可以不受一般礼法的约束，可以不按臣子之礼拜见，对教师的这些特殊礼遇体现了古人对老师的重视。

如果拿今天老师的地位和过去相比，大概有许多人都要

尊师重道

发出曾经沧海的感叹。如今教师的地位、待遇和政府官员、职员、商人、演员等相比，可能处处都有不及之处，甚至在某些地区，师道的尊严都不复存在。诸多困扰着教育的问题无法得到根本的解决。这样想想，确实有愧于曾经的先哲了。教育是立国之本，国家日后要更好更快地发展，教育问题将是一大挑战。

原文

善学者，师逸而功倍，又从而庸之。不善学者，师勤而功半，又从而怨之。善问者，如攻坚木，先其易者，后其节目，及其久也，相说以解；不善问者反此。善待问者，如撞钟，叩之以小者则小鸣，叩之以大者则大鸣，待其从容，然后尽其声。不善答问者反此。此皆进学之道也。

译文

善于学习的人，老师费力小而事半功倍，学生还会归功于老师教导有方。不善于学习的人，老师费力大而事倍功半，学生还要因此埋怨老师。善于提问的人，就像劈开坚硬的木材，先从容易处理的地方开始，再劈有木节的硬处，时间长了，问题就解决了。不善于提问的人与此恰恰相反。善于回答问题的老师，就像撞钟一样，轻轻敲击则钟声较小，重重敲击则钟声大响，直到钟从容鸣响，然后响声散尽。不善于回答问题的人与此恰恰相反。这些都是增进学业的方法。

鉴读

这里谈的是增进学业的方法。文中列举了“攻坚木”和“撞

钟”两个例子，来着重阐述学习中提问和答问的技巧。

首先，提问的人要如同劈开坚硬的木材一样，应寻找木材的突破口,先从简单的地方着手。接下来再慢慢琢磨关节处。如此，假以时日，问题终将攻破。如果一开始就抓住最难的不放，事情将毫无进展，只会带来更多问题。

其次，答问的人应答如敲钟，这个比喻用在这里很恰当。敲钟者首先当然需要了解钟的特性，然后再以适当的方法去敲击。了解钟是十分必要的前提，研究敲钟的技巧倒是其次。对钟的特点、性能一无所知，技巧本身就无从谈起。因此，敲钟是一个双向的过程，老师回答学生的提问，同样也是一个双向的过程，需要对学生的问题、特点、性格等有较为准确的把握，回答才能敲到点子上。

原文

记问之学，不足以为人师。必也其听语乎！力不能问，然后语之；语之而不知；虽舍之可也。

良冶之子必学为裘；良弓之子必学为箕；始驾马者反之，车在马前。君子察于此三者，可以有志于学矣。

译文

只能记忆书上的各种知识，这样的人不足以做别人的老师。一定要善于听取学生对问题的理解，学生有疑惑却发问不能回答时要予以讲解。讲解后依旧不懂时，暂时放弃讲解也未尝不可。

优秀铁匠的儿子，必须先学习制作皮袄。优秀弓匠的儿子，必须先学习制作簸箕。刚开始训练的小马在车后，车在它前面。君子懂得了这三件事中蕴涵着的道理，就可以立定求学的志向了。

鉴读

文中所谓的“记问之学”，用现在的话来讲，就是读死书、死读书。古代的贤人早已经认识到，读死书的人不配做别人的老师，这点很有先见之明。虽然书本的内容是固定不变的，但是学生对知识的理解往往都有各自的看法，一味按照教条的东西教授，不仅打击了学生学习的积极性，对知识本身也是一种禁锢。读死书的教学办法着实是害人不浅的。

然而，在特定的历史年代下，总有一些自以为恪守传统的老学究，非要把能背诵多少古人的诗文当做学问是否深厚的根据，并以此自封为学界权威，其实，这些人从未在哪一方面表现出一点儿属于自己的东西，至于创造性则更加谈不上。

历史如大浪淘沙，只有真正具有价值的东西才能被世人铭记，留传于世。而那些书上的“死的知识”也就只能随着书本一起腐烂在尘土之中了。

因此，要脱离书本知识的束缚，就必须亲身投入到实践活动当中，用实践检验真理。当然，实践也绝非一蹴而就的事。心急吃不了热豆腐，欲速则不达，这类俗语说的道理都是做事情要一步一个脚印，步步为营、踏踏实实地向前进，直至达到目的。

事物的发展本身就是一个循序渐进的过程。学习更是如此。即便是天才，也不可能超越一切障碍，最多只是比别人少走一些弯路罢了，但是要想一蹴而就，那是不可能的事。

原文

古之学者，比物丑类。鼓无当于五声，五声弗得不和；水无当于五色，五色弗得不章；学无当于五官，五官弗得不治；师无当于五服，五服弗得不亲。

译文

古代学习的人，能够比较同类事物，从而触类旁通。鼓的声音虽然不属于五声，但是五声没有鼓声的配合，就不会和谐；水虽不属于五色，但五色没有水来调和，就不鲜明；学习虽然不属于五官，但如果官吏不学习就不能施治；老师虽不是五服之内的亲属，但没有教师的教诲，五服内的亲属就不会亲密起来。

古之学者

鉴读

古人在说明较为抽象的大道理时，十分善于借用浅显明白的事例来作比方。这一节说的是知识之间的联系以及通过对比而触类旁通的道理。比较是很重要的学习方法，拿近现代系统论的基本观点作参考，两个部分相加的和大于这两个部分。通过对比得出的结果，可以形成某种极具激发力的诱因，使人倾向于把似乎不相关联的事物联系起来分析，使相互孤立的各个点，全都被联系起来。将这个道理用之于学习，认识对比两种知识，并掌握他们之间的联系，往往能获取另一种知识。这或许就是触类旁通。

原文

君子曰：“大德不官，大道不器，大信不约，大时不齐。察于此四者，可以有志于学矣。”三王之祭川也，皆先河而后海，或源也，或委也。此之谓务本。

译文

君子说：“具有大德行的人不限于担任一种官职，懂得大道理的人不局限于一定的用处，最讲诚信的人不必靠盟誓来约束，把握大时机的人行动并不整齐划一。能懂得这四种道理，就能立志于求学。”夏商周三代君王先祭祀河流而后祭海，因为河是水的来源，海是河的汇集处。这就叫做致力于根本。

鉴读

学习的最高境界就是掌握了至高无上的道理。这时，我们便可以不受任何约束，天马行空，随心所欲。这是一种很高的境界。只有超脱具体知识的局限，达到至贤至圣的高度，才能信手拈来。

对于一名普通的学习者来说，怎样才能超越所学，达到超脱的境界呢？这就需要人们抓住事物的根本，掌握所学知识的本质特征，将万物都纳入到某种至高无上的大道当中，进而超越客观事物、超越自我。举个浅显的例子，渔夫在撒渔网时首先抓住的就是渔网的总绳，这样捕起鱼来才能顺利无碍。

学习的这种至高境界并非所有人都能到达。它要求人们具有超凡的悟性和魄力，同时更要求人们能够持之以恒，因为勤奋在任何时候都是通往成功殿堂的阶梯。

乐本

原文

凡音之起，由人心生也。人心之动，物使之然也。感于物而动，故形于声。声相应，故生变。变成方，谓之音。比音而乐之，及干戚羽旄谓之乐。

译文

所有音乐的兴起，都来自于人的内心活动。而人的内心活动，是受外界事物影响的结果。人的内心受到外界事物的影响而激动雀跃，通过声音表达出来。各种不同的声音互相附和，因此产生变化，因变化产生的先后顺序，称为音。把音组合后进行演奏和吟唱，再配上干、戚、羽、旄等舞蹈道具，就称为乐。

鉴读

这里阐述的是音乐的起源问题。在古人看来，音乐的产生源于两个方面的因素：一是人的内心活动，其次是外界事物的刺激。

首先，音乐产生的根本，是因为人内心情感表达的需要，即音乐源自情感，音乐是人们情感的表达。其次，音乐产生的直接诱因，是人心受外物的影响而激发出来的感情，需要通过声音传递出来。当声音按照一定的节奏、规律组合起来时，形成的旋律就是音乐。音乐有悲喜快慢之分，则是因为外界事物对人的情感刺激有所不同的缘故。

如果我们把这里的有关音乐（艺术）产生的说法和西方人的观点作一个比较，就会发现古代中国人与西方人思维方式的不同，我们的祖先实际上更加重视心理在艺术产生中的作用，所谓“凡音之起，由人心生也”，心理对艺术产生所起的作用在我们的祖先看来是第一位的。但西方人不会这么想，传统的西方美学谈“模仿”，认为艺术是人对外物的模仿，故他们注重的是事物的真实面目。由此，我们更加能体会到古代中国人对人的内心情感的珍视，因而我们的艺术（如书法、绘画等）也就表现得十分具有“灵韵”。

乐论

原文

乐者，天地之和也。礼者，天地之序也。和，故百物皆化；序，故群物皆别。乐由天作，礼以地制。过制则乱，过作则暴。明于天地，然后能兴礼乐也。

论伦无患，乐之情也；欣喜欢爱，乐之官也。中正无邪，礼之质也；庄敬恭顺，礼之制也。若夫礼乐之施于金石，越于声音，用于宗庙社稷，事乎山川鬼神，则此所与民同也。

译文

乐表现的是天地间的和谐统一。礼表现的是天地间的秩序。因为和谐，万物才能生长繁殖；因为有秩序，万物才能表现出不同。乐依照天道而作，礼依照地理而制。制礼超出范围就会制造混乱，作乐超出范围就会脱离正轨。明白天地间的道理，才能制定礼、作出乐。

协调不乱，是乐内里的品质；让人欢欣喜爱，是乐的作用。中正无邪，是礼的根本；庄重恭顺，是礼的作用。乐器让礼乐得以表达，声音让礼乐得以传播，将这些用在宗庙社稷的祭祀中，用于祭祀山川鬼神，这是统治者和百姓都要做到的。

鉴读

对于一个国家的国君来说，维护国家稳定的重要前提就是秩序与和谐。脱离秩序，国家就会陷入混乱；失去和谐，人心就会涣散不齐，这样，国家的稳定发展也将难以维持。因此，秩序与和谐对于国家来讲是十分重要的。

儒家把礼乐制度作为维护国家秩序、促进百姓和谐的重要工具，他们认为礼的制定有益于区分尊卑贵贱之别，从而维持秩序，而乐的推广则能使天下之民的情感趋于统一，并促成和谐。

其实礼乐制度在治国安邦的方面未必就能良好地发挥其作用。历史上的春秋战国时代，便是一个“礼崩乐坏”的时代，

历史前进的方向决定了过去的礼乐制度并不适合时代发展的需要，因而春秋战国时期出现了诸子百家争鸣的局面，秦国便是顺应了潮流，在这一时代崛起，以至后来建立了中国历史上第一个统一的封建王朝。

乐施

原文

昔者，舜作五弦之琴以歌《南风》，夔始制乐以赏诸侯。故天子之为乐也，以赏诸侯之有德者也。德盛而教尊，五谷时孰，然后赏之以乐。故其治民劳者，其舞行缀远；其治民逸者，其舞行缀短。故观其舞，知其德；闻其谥，知其行也。

天地之道，寒暑不时则疾，风雨不节则饥。教者，民之

帝舜奏曲歌南风

寒暑也，教不时则伤世。事者，民之风雨也，事不节则无功。然则先王之为乐也，以法治也，善则行象德矣。

译文

先前，舜制造了五弦琴，以伴唱《南风》诗，夔最初制作乐，用以赏赐诸侯。因此，天子制作乐的目的，是用于赏赐品德高尚的诸侯。品德高尚，遵从教化，五谷遵时成熟，然后才能得以赏赐乐。因此，若诸侯治理百姓无方，让百姓遭受劳苦，天子赏赐的舞列就稀疏；若诸侯治理百姓有功，让百姓安逸，天子赏赐的舞列就稠密。因而，观察舞列，就可以了解诸侯的德行；听闻诸侯死后的谥号，就可了解其生前的品行。

天地运行遵循一定的规律，如果寒暑不准时变换，就会出现灾祸，风不调雨不顺就会闹饥荒。教化百姓就像寒暑的变换，如不及时就会祸害社会。法规之于百姓就如风雨的协和，没有节制就难见效果。因而，先王创作乐，作为治理百姓的一个策略，恰当地运用乐，就能使百姓的行为和道德相符合。

鉴读

音乐可以作为“奖品”来赏赐诸侯的功绩，可以作为先王治理百姓的策略。乐的这一功能，体现了它是维护统治的政治工具。

不可否认，音乐对人性情的培养、情感的熏陶确实有一定的作用，因此我们欣赏音乐，并把这看做是一种精神上的享受，但是我们几乎不会想到音乐与政治统治之间的关系，更不会在音乐中探求政治的得失。过去和现在，音乐的功能发生了如此不一样的变化，简直是令人称叹。

乐舞图

乐言

原文

夫民有血气心知之性，而无哀乐喜怒之常，应感起物而动，然后心术形焉。是故志微、噍杀之音作，而民思忧。单谐、慢易、繁文、简节之音作，而民康乐。粗厉、猛起、奋末、广贲之音作，而民刚毅。廉直、劲正、庄诚之音作，而民肃敬。宽裕、肉好、顺成、和动之音作，而民慈爱。流辟、邪散、狄成、涤滥之音作，而民淫乱。

土敝则草木不长，水烦则鱼鳖不大，气衰则生物不遂，世乱则礼慝而乐淫。是故其声哀而不庄，乐而不安，慢易以犯节，流湎以忘本，广则容奸，狭则思欲。感条畅之气，而灭平和之德。是以君子贱之也。

译文

性格、气质、心智是每个人的本性，但喜、怒、哀、乐的变化没有规律可循。人的内心根据外界事物的刺激做出反应，表现为一些情感。因此，作出微细而湍急的音乐，说明人心中有所忧愁；作出舒缓、和谐、轻松、华丽、节拍简单的音乐，说明人心中祥和开阔；作出粗犷奋起、豪放激昂、雄浑宏伟的音乐，则能表现人的刚毅；作出廉明刚正、庄重有劲、诚意有加的音乐，表达了人心中的肃敬；作出顺畅不迫、丰润响亮、活泼平和的音乐，表达了人心中的慈爱；作出下流混乱、轻浮污秽的音乐，说明人心怀淫乱。

土地贫乏，草木就不繁茂；水流过急，鱼鳖就不会长大；伤了元气，万物就不再生长；世道混乱，礼就会衰弱而乐就会迷乱。因此，乐声虽然悲伤但不端庄，愉悦而不祥和，懒散而没有节奏，纵乱而丢失法度。舒缓的节拍中藏匿着奸邪，湍急的节拍刺激着欲望。只有紊乱的气息而无平和的德行。因此君子轻视这种音乐。

鉴读

前面《乐本》一节已经说过，音乐是人们情感的表达，所以我们可以通过音乐的音色、节奏、曲调、旋律等的变化，推测人们内心情感的波动。反过来，音乐对人们性情的培养也有一定的作用。

淫靡的音乐，会败坏社会风气、污染人们的心灵。因此，统治者必定把持音乐的导向，着力维护音乐（包括文学、绘画等其他艺术）对社会风气和人们心灵的好的影响，使之发挥重塑人们灵魂的能力。在今天来看，这一观念依然是合理的，艺术虽然不能直接拯救苍生，但它却可以对社会风气的形成和人们心灵的净化起到潜移默化的熏染作用。比如，爱国歌曲有助于培养人们的爱国主义精神。音乐以及其他艺术在这一方面的功用在历朝历代都是受到重视的。

艺术对整个社会的风尚都能起到一定的影响作用，但是却往往被统治者控制和利用。当局对于自由艺术创造会予以严加禁止，这种做法往往会使一些好的艺术创作得不到展示的机会，人们的精神世界也将变得空洞疲乏。因此，对于这一问题，统治者应该多做一些引导和鼓励，让坏的东西自己消失，好的东西自然成风。

乐象

原文

德者，性之端也；乐者，德之华也。金石丝竹，乐之器也。诗，言其志也；歌，咏其声也；舞，动其容也。三者本于心，然后乐器从之。是故情深而文明，气盛而化神。和顺积中而英华发外，唯乐不可以为伪。

译文

德是人性的端正；乐是德的精华。金、石、丝、竹是作乐的器具。诗用来抒发内心的志向，歌用来唱出心声，舞表现姿容。这三者都源自于心，然后用乐来相伴。因此，感情深刻才能凸现文采，气势盛大才会传神莫测。心怀和顺，英华就会外显，唯有乐是不能伪装出来的。

鉴读

表面上的东西往往都是事物本质的外在反映。古人常说“言为心声”，这是很普通的道理。但是这道理有的时候未必正确，因为人有可能被假象蒙蔽。所谓花言巧语，故作姿态，这都警示人们应注意透过表象观察事物的本质，不能被外在的表现迷惑。

音乐由心而生，与人的内心有着最紧密的联系，音乐仿佛就是反映人们内心世界的一面镜子。音乐和其他事物不大一样，它所表达出来的喜怒哀乐通常都是人们真实情感的反映。

纵然如此，“为赋新曲强作愁”的情况也不是不存在，即所谓“无病呻吟”。但是，这种假装是极容易被拆穿的。音乐与情感密不可分。没有情感的演唱，便失去了音乐本身的意义；内心悲苦，却非要唱着欢快的曲子，也只会令自己哭笑不得。正确理解情感与音乐之间的关系，有助于人们更好地欣赏音乐、抒发情感。

魏文侯

原文

钟声铿，铿以立号，号以立横，横以立武。君子听钟声，则思武臣。石声磬，磬以立辨，辨以致死。君子听磬声，则思死封疆之臣。丝声哀，哀以立廉，廉以立志。君子听琴瑟之声，则思志义之臣。竹声滥，滥以立会，会以聚众。君子听竽笙箫管之声，则思畜聚之臣。鼓鼙之声欢，欢以立动，动以进众。君子听鼓鼙之声，则思将帅之臣。君子之听音，非听其铿铯而已也，彼亦有所合之也。

编钟、编磬

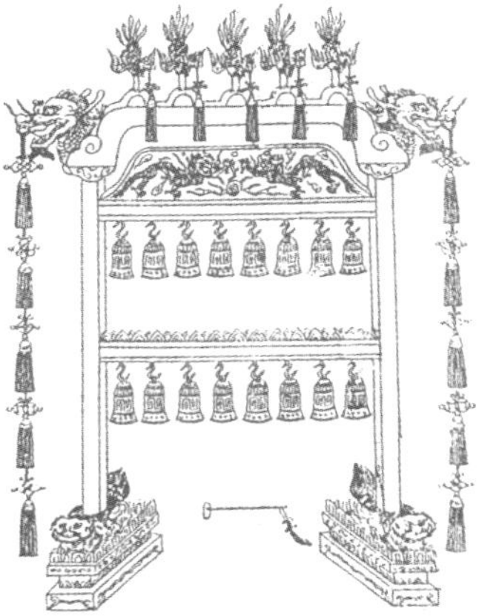

译文

钟声铿铿，表示号令，号令可以让人英姿勃发、有气势，进而能够激发勇气。君子听见钟声就会想起武将。石磬声硁硁，表示气节、仁义鲜明，节义鲜明能让人勇于献身。君子听到石磬声就会想起那些因保疆卫国而牺牲的臣子。丝弦声悲戚，悲戚声让人刚正，刚正让人充满志气。君子听到丝弦声就会想起有志气的臣子。竹管能发出多种声音来表示聚合，聚合能让众人聚集。君子听到这些竽笙箫管发出的声音，就会想起能聚集百姓的臣子。鼓鼙声很喧闹，喧闹声让人心情激昂，激昂能使百姓前进。君子听到鼓鼙声就会想起统率百姓的臣子。君子听音乐，不光是听其铿锵声，而是能从中有所联想、产生共鸣。

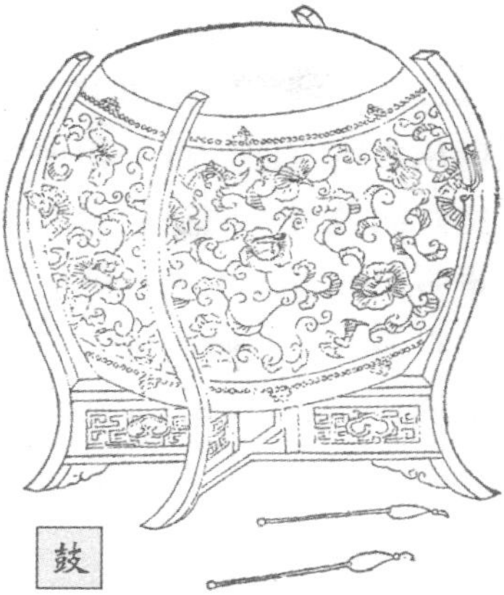
鼓

鉴读

前面已经论述过音乐对人的情感培养作用，这就意味着君子应时常通过音乐来提升自我修养。而这一节说的就是君子鉴赏音乐的问题。

君子听乐时的感受和一般的平民百姓是不同的。老百姓更多关心的还是生计问题，听音乐也就是图个热闹和开心。而君子胸怀天下，心里时刻都想着国计民生问题，因此君子听音乐，是带着情感去听的，君子期盼所听到的音乐能与社会现实、伦理道德有一定的联系，从而通过音乐悟出某些道理，

产生一些共鸣。

马克思曾经说过，对于不懂音乐的耳朵，再美的音乐也没有意义。这个说法很正确，音乐本身也需要“懂音乐的耳朵”。在音乐鉴赏方面，君子和平民的差别也就得以突显。君子受过良好的教育，处在社会的上层，所以君子可以听出老百姓很难听出的音乐内涵。就比如听钟鼓之声，普通百姓只是听那富有节奏“咚呛咚呛”声，而君子却能感悟出声音中的真正价值。

乐化

原文

礼乐不可斯须去身。致乐以治心，则易直子谅之心油然生矣。易直子谅之心生则乐，乐则安，安则久，久则天，天则神。天则不言而信，神则不怒而威，致乐以治心者也。致礼以治躬则庄敬，庄敬则严威。心中斯须不和不乐，而鄙诈之心入之矣；外貌斯须不庄不敬，而易慢之心入之矣。

故乐也者，动于内者也；礼也者，动于外者也。乐极和，礼极顺。内和而外顺，则民瞻其颜色而弗与争也，望其容貌而民不生易慢焉。故德辉动于内，而民莫不承听；理发诸外，而民莫不承顺。故曰：“致礼乐之道，举而错之天下无难矣。”

译文

礼乐一刻都离不开身心。仔细品味音乐来加强内心的修养，那么自然就会平易、刚直、宽容、诚实。具备这些就会开心，开心就能安乐，安乐就能恒久，恒久就能成自然，自然就能达到神的境地。天虽不言语，但能让人信服；神虽不恼怒，

礼乐不离于身

但能让人感到庄严。仔细品味音乐，目的是加强自我修养。仔细践行礼，目的是使仪表举止端庄、恭敬，端庄、恭敬才有威严。如果内心有一刻不安宁、不开心，那么就会涌起卑劣奸猾的想法；如果外貌有一刻不端庄、恭敬，那么就会涌起轻浮散漫的想法。

因此，音乐对人的内心产生影响，礼使人的外表端庄。乐让人十分安宁，礼让人十分顺服。心中安宁且外表顺服，那么，人们看到这种神色就不想与他争什么，看见这种容貌就不会有轻浮散漫的想法。因此，品德萌发自于内心，人们就会听从；礼仪表现出来，人们就会顺服。因此说："了解并掌握礼仪和音乐的道理，而后运用实践它们，那么天下就没有困难之事了。"

鉴读

君子作为社会的精英，在世人面前应当发挥其表率作用。要做到这点，就必须堂堂正正地做人，行为要光明磊落，言谈举止要符合规范，绝不能把自己的责任等同于平民百姓的责任。

君子要成为世人的典范，其中的一个必要前提就是：一刻都不离开礼乐。也就是说，礼和乐是君子立身处世的基础，君子应将自己的一切言行自行纳入到礼乐所规定的范围，用礼端正外表，用乐调节内心，待真正做到礼乐不离身之后，就可以运用礼乐来教化天下了。

原文

夫乐者，乐也，人情之所不能免也。乐必发于声音，形

以乐陶情

于动静，人之道也。声音动静，性术之变尽于此矣。故人不耐无乐，乐不耐无形，形而不为道，不耐无乱。先王耻其乱，故制《雅》、《颂》之声以道之，使其声足乐而不流，使其文足论而不息，使其曲直、繁瘠，廉肉、节奏足以感动人之善心而已矣，不使放心邪气得接焉。是先王立乐之方也。

是故乐在宗庙之中，君臣上下同听之，则莫不和敬；在族长乡里之中，长幼同听之，则莫不和顺；在闺门之内，父子兄弟同听之，则莫不和亲。故乐者审一以定和，比物以饰节，节奏合以成文，所以合和父子君臣，附亲万民也。是先王立乐之方也。

听《雅》、《颂》之声

故听其《雅》《颂》之声，志意得广焉；执其干戚，习其俯仰诎伸，容貌得庄焉；行其缀兆，要其节奏，行列是正焉，进退得齐焉。故乐者天地之命，中和之纪，人情之所不能免也。

译文

音乐就是人心感受到的快乐，它是人性中不可缺少的一部分。快乐必须借助声音，凭借行为才能表达出来，这是尽人皆知的常理。声音和行为能把人内心情感的变化完全表现出来。因此，人不能不快乐，快乐的情感一定会表现出来，行为要合乎规范，否则就会造成混乱。先王厌恶混乱，因此制订了《雅》《颂》的音乐来作为指导，让音乐满足人的快乐之情而不会放纵，让它的词句清晰但不晦涩，让它或曲或直、或繁或简、或强或弱的节拍足够激发人的善心，避免放纵邪乱的想法扰乱人的内心。这是先王制订音乐的目的和意图。

因此，在宗庙里奏先王之乐，君臣上下一起倾听时都会恭敬有加；在族长乡里奏乐，男女老少一起倾听都很顺服；在一家之内奏乐，父子兄弟一起倾听更加深了彼此的感情。因此，制订音乐首先要确定基本的调子以便让众音协调，使用不同的器具演奏来表现节拍，节拍和谐，整个乐章才能浑然一体。可见，用音乐来调和君臣父子之间的关系，让百姓亲近、依从，这就是先王制订音乐的目的和意图。

因而，听到《雅》《颂》，让人意气风发、胸怀宽广；手持盾戚，练习俯、仰、屈、伸等舞蹈的动作，能让人的外表庄重；按规定的行列、区间行动，伴着节拍，行列就齐整，进退也一致。因此，音乐是天地的和谐统一，是中正和平的纲纪，是人性情中不可缺少的一部分。

鉴读

这一节的末尾提到："故乐者天地之命，中和之纪，人情之所不能免也。""中和"即可理解为中庸，是儒家思想一个很重要的特点，主张面对任何事物，都采取一种中间态度，不走极端，不偏向任何一方，保守折中。

对于音乐，儒家也对其采取中和的态度。音乐既要可以用来表达人们内心的情感，但是又不能过于充盈放纵，应有所节制，声音的清与涩、强与弱、曲与直、繁与简、快与慢等等都要中正平和，如此才可以规范人们的行为，维持君臣父子之间的关系，促进百姓间的和睦，从而避免混乱的发生。

儒家对音乐的这种态度，是鉴于音乐有助于社会秩序的维持。我们可以想象古代君王对礼乐的重视程度，也能想象宫廷、宗庙乐曲在当时的重要性，然而，音乐毕竟是情感的表达，情感是没有什么"中和"可言的。对于音乐或其他艺术的鉴赏，现代人对儒家的中庸之道显然不能完全接受。拿《诗经》作参考，其中最富艺术价值的作品既非宫廷雅乐，亦非宗庙之歌，反而是许多来自民间的歌咏。其实，不管是在艺术方面还是其他方面，过分的中庸又何尝不是一种极端呢？

附录三

文昌孝经

《文昌孝经》，又称《文帝孝经》，南宋时期开始流传，作者不详。

《文昌孝经》乃伪托文昌帝君而作，由此可见文昌帝君在人们心中的崇高地位。文昌是星宿名，主科甲，为文魁之星。据《文昌孝经》所述，文昌帝君因『至孝』而位列文昌之神位，而后诵有经文六章，即《文昌孝经》。

开经启

原文

浩浩紫宸天，郁郁宝华筵。文明光妙道，正觉位皇元。振嗣恩素重，救劫孝登先。大洞完本愿，应验子心坚。

译文

广袤浩大的紫宸天，郁郁飘香的宝华筵。文华光耀的奇妙之道，觉悟正道的人位列仙班。振兴子孙后代素来都是厚重的恩泽，孝是人们解救一切劫难的先行之道。至高无上的大道实现人们的本愿，文昌帝君提倡的孝道无比灵验，人们对此应坚信不移。

育子章第一

原文

真君曰：乾为大父，坤为大母。含宏覆载，胞与万有。群类咸遂，各得其所。赋形为物，禀理为人。超物最灵，脱离蠢劫。戴高履厚，俯仰自若。相安不觉，失其真性。父兮母兮，育我者宏。两大生成，一小天地。世人不悟，全不知孝。吾今阐明，以省大众。

译文

文昌帝君说：天是最大之父，地是最大之母。天地包容

戴高履后，俯仰自若

万事万物，使万物友好和睦地相处其中。于是万事万物都能够顺利地成长，各自得到妥当的安排。天地赋予万物形体，以成就万物。人承载了性情和义理所以成为人。因此人得以成为万物中最具智慧的一类，和愚笨的蠢物完全不一样。人头顶青天，脚踏大地，俯察和仰观都安然自得。人如果安于现状，不能自我反省觉察，就会丧失自身的本性。父母生养我的恩情尤其宏大。天地、父母这两大，孕育人身一小天地。世人对这一道理无法察觉，全然不知孝为何物。如今，我在此加以阐明，使大众能够省悟。

原文

乾坤养物，劳而不劳；父母生子，不劳而劳。自字及妊，自幼迄壮，心力所注，无有休歇。十月未生，在母胎中，母呼亦呼，母吸亦吸。耽娠如山，筋疼血滞，寝处不舒，临盆性命，若不自保。父心关恻，母体担虞。纵令易诞，费尽劳苦。若或迟久，不行分娩，艰难震恐。死中幸生，几舍其母，始获其子。一月暗居，三年乳哺。啼即怀抱，犹恐不调。睡令安寝，戒勿动摇。含食以饲，帖衣以裹。谅其饥饱，适其寒暑。

译文

天地抚养世间万物，似乎辛劳，似乎又不辛劳；父母生育子女，似乎不辛劳，似乎又辛劳。自怀孕至分娩，从幼年到壮年，父母所倾注的心思和精力，从未有过停歇。胎儿在母亲腹中尚未产下来的十月之间，伴随着母亲的呼吸而呼吸。母亲承担的妊娠之苦，如同身体被大山压迫，浑身筋骨疼痛、血液经脉凝滞不通，坐着躺着都不舒服。等到分娩的时候，

天地万物

母亲连自己的性命都难以保全。父亲既担心又悲伤，母亲身体承受着忧患。即使得以顺利生产，也受尽了万般辛劳愁苦。如果胎儿长久地停留在母亲腹中，迟迟不能分娩，母亲则更加艰难恐惧。最后死里逃生，几乎丧失母亲的生命，才使孩子得以降生。母亲产下孩子后，还需要在屋里休养一月，为孩子哺乳三年。婴孩啼哭，则立即抱入怀中安抚，生怕孩子哪里不舒服；睡觉时想尽办法让孩子睡安稳，避免一丝响动。亲自咀嚼食物以喂养孩子，时常解下自己的衣服包裹孩子。推测孩子的饱饿，为孩子加减衣服保证他冷热适宜。

原文

痘疹关煞，急遽惊悸。咿唔解语，匍匐学行，手不释提，心不释护。子既年长，恐其不寿，多方保持。幸而克祐，筹划有无，计其婚媾。厥龄方少，诸务未晓。一出一入，处处念之。绸缪咨嗟，谆谆诫命。亲心惆怅，子方燕乐。教之生计，教之成业。母诞维艰，父诲匪易。

译文

在孩子出天花和麻疹的危急时刻，父母心里担惊受怕。在孩子刚开始学习说话、蹒跚学步的时候，父母双手不离孩子左右，心中呵护孩子的感情一刻也不放下。随着孩子渐渐成长，父母又担忧其不能安全长大，想尽一切办法，多方对孩子加以保护。子女侥幸能够得到神灵的保佑守护，长大成人，父母又为其筹划吃穿，筹算婚姻。这时候子女年纪尚轻，对很多事物都不太懂得。不管是出门在外还是留居在家，各个方面，父母没有不挂念的。父母对孩子情深意切，长吁短叹，谆谆教导，不知疲倦。正因为有父母的担忧，子女才能有安乐美好的生活。父母教导子女如何谋生，教授子女成就事业的方法。由此看来，母亲生育子女非常辛劳，父亲教诲子女也绝非易事。

原文

虽至英年，恤若孩提。食留子餐，胜如己餐；衣留子衣，胜如己衣。子若有疾，甚于己疾。有可代者，己所甘受。子若远游，行旅风霜，梦寐通之。逾期不归，睛裂肠断。子有寸善，夸扬乐与；子有小过，回护遮盖，暗自伤心，恐其名败。子惟贤能，父母有赖；子若不肖，父母谁倚？子若妄为，父母身危。作事未事，俱切亲情。

译文

即使子女已经长大成人，父母仍像对待孩童一样对子女关怀入微。留给子女吃的食物，比自己的吃的食物要好得多；留给子女穿的衣服，比自己的衣服要好得多。子女如果生病了，就比自己生病还忧虑。若是可以替子女承受病痛，自己情愿去忍受这些痛苦。子女如果出远门，旅途中的风霜之苦，父母即使在睡梦中，也会牵挂。如果子女在约定日期内还没回来，父母则为此两眼望穿，肝肠寸断。子女有细小的优点，父母就会夸奖赞扬；子女有了小小的过错，父母总是加以袒护掩藏，并暗自难过，只怕孩子名声受到破坏。身为子女，只有贤良能干，才能让父母有所依靠；子女如果没有出息，那么父母还能依靠谁？做子女的如果胡作非为，就会牵累父母，使父母陷入危难之中。所以，子女无论是做事还是没有做事，都要切合父母的心意。

原文

芽栽茁培，堂基构植。母勤子生，父作子述，其行其志，不厌其苦。怜子念子，何时放置。形或暂离，心恒无间。贵如帝王，神如天亶；显如公卿，贱如编户，愚如齐氓，皆如是心。穷达愁乐，存殁明幽，皆如是心。混沌初分，亘古及今，普天匝地，绵绵恻怛，父母之心，无不如是。如乾覆物，如坤载物，和蔼流盈，充塞两间。莫大慈悲，无过亲心。

译文

想要生物发出新芽，就必须进行栽育；想要其茁壮成长，就必须加以培育；子女长大了，就要为他们修建房屋，立下根基。母亲的辛勤忙碌，是为了子女能够健康成长；父亲的劳作创业，是希望子女可以传承血脉。父母养育子女，从来不嫌辛苦。父母怜爱、挂念子女之心意，也没有放下的时候。即使父母与子女暂时分隔两地,父母的心却从未离开过子女。就算是尊贵如帝王，聪明如圣贤，显赫如公卿，又或者贫贱如平民，愚钝如未开化之人，作为父母的爱护子女的心，也都是一样的。无论是穷困还是显达，无论是忧愁还是欢乐，无论是存活于世的还是已经过世的，父母之心也都是这样。混沌初开，从古到今，天地之间，爱子之心真切绵延，天下父母没有不是这样的。就像上天包容万物，大地承载万物，祥和慈爱流溢，充塞于天地间。最大的慈悲，也比不过父母的爱子之心。

教子图

原文

即说偈曰：万般劳瘁有时休，育子辛勤无尽头。字怀耐苦终无厌，训诲循徐不惮求。一叶灵根非易植，穷年爱护几曾优。子俱亲自身栽养，亲老心犹为子筹。

译文

于是说偈道：种种辛劳都有停止的时候，唯有抚育子女的辛劳没有尽头。怀孕、生养，父母承担着苦楚，却从不厌烦。父母对孩子训导教诲，徐徐渐进，从不怕孩子对自己索求。把子女栽培得聪明睿智不是容易的事情，但父母仍旧终年呵护，未曾犹豫。子女都是父母亲身抚养的，父母即使年老，却依旧在心中为子女操心。

原文

又说偈曰：真诚一片结成慈，全无半点饰虚时。慈中栽养灵根大，生生不已自无涯。

译文

又说偈道：满腔诚挚结成慈爱之心，毫无半点掩饰和虚伪。带着慈爱的心培养子女，使他们聪慧成长，生生不息，永无止境。

原文

灵慈神咒：佛菩萨菩提心，大罗会上陀罗尼，一切救苦难，无过我亲心。圣主仁君，救济生灵，不忍一匹之不生，无如爱子心，靡所不至诚。推极仁惠者，孰能逾二人。

译文

灵慈神咒：佛菩萨的菩提心，大罗会上的陀罗尼，一切救苦救难的佛菩萨，都比不过双亲对我的爱心。圣贤仁慈的君王，拯救苍生，不忍见到任何一物无法生长，而这都比不上父母对子女的爱心，父母爱护子女的心，无不至真至诚。推究最富仁慈恩惠之心的人，又有谁能超越父母二人呢？

体亲章第二

原文

真君曰：前章所言，不止育子，直将子心，亲曲体之。凡为人子，当以二亲，体我心者，还体亲心。体我此身，骨禀父生，肉禀母成。一肤一发，或有毁伤，亲心隐痛，子心何安？心为身主，太和蕴毓，父兮所化，母兮所育。一有不孝，失亲本来。

译文

文昌帝君说：前面一章所言，谈的不仅仅是父母对子女的养育，还有父母对子女心思的无微不至的体谅。为人子女，应该意识到父母体谅自己的心情，并以此来体谅父母。观察我的躯体，骨是秉承父亲的精血而生成，肉是秉承母亲的精血而化生。我们的每一寸皮肤，每一根毛发，如果有所损伤，父母心中都会隐隐感到伤痛，这样做子女的又怎么能够安心呢？心是人身体的主宰，天地之间的太和之气蕴藏其中。人的躯体是父母的精血化育而来的。子女一旦做出不孝的行为，就将秉承自父母的本性丧失了。

体谅亲心

原文

孝先百行，根从心起，定省温凊，时以敬将。每作一事，思以慰亲；每发一言，思以告亲。入承亲颜，亲欢我顺，亲愁我解；出必告亲，恐有恶行，以祸亲身；归必省亲，恐有恶声，以拂亲心。力行戒慝，随时加惕，口业不干，身业不作。恐有意业，欺亲欺身；恐有心业，累身累亲。

译文

孝是所有品行之中最首要的，其根本发自人心。服侍父母就寝，早晨起来问安，冬日暖被，夏日送凉，这些都要时刻恭敬侍奉。每做一件事情，都要想着安慰父母；每说一句话，都要想着告诉父母。在家中侍奉双亲，双亲的欢乐需要我顺承分享，双亲的忧愁需要我为之化解；外出时必须告知双亲，恐怕有不善的行为，使双亲受到牵累；外出归来后一定要看望双亲，恐怕会有流言恶语，违逆双亲心意。尽量戒除邪念，时刻加以警惕，不犯口业，不作身业。恐怕有意业，欺骗自己和双亲；又恐怕犯心业，使自己和双亲遭到连累。

原文

我有手足，父母一体。异母兄弟，总属天伦，恐有参商，残亲支体。叔伯同根，宗族一家，恐有乖戾，伤亲骨肉。祖曾上人，恐失率事，悖亲孝思。子孙后裔，恐失字育，断亲嗣脉；恐失教训，败亲家规。子侄世系，恐失敦睦，贻亲庭衅。我夫我妇，子媳之职，恐失和敬，致亲不安。我有姻娅，属亲至戚，恐失夙好，致亲不宁。上而有君，为亲所主，恐有不忠，致亲以逆；下而民物，与亲并育，恐有不恤，损亲之福；外而友朋，为亲之辅，恐有不信，绝亲友道。师为我法，即为亲箴，事恐失贤，以违亲训；匪人壬人，亲之所远，交恐不择，以累亲志。仰而天高，帝位乎上。日月星斗，亲所敬畏。恐有冒渎，妄干天怒，致重亲辜；俯而地厚，群生资始，亲所奉履，恐有亵侮，业积暴殄，致延亲祸；中而神祇，司我亲命。恐有过犯，致减亲纪。一举一动，总期归善，以成亲德。

译文

我和我兄弟，父母都同等相待。异母兄弟，统属于自然的伦常关系，恐怕发生不和睦的事情，这样无异于伤害父母的肢体。叔伯兄弟，都同属于一个宗族，恐怕彼此不和，这样就是伤害父母的至亲。对于先辈祖先，恐怕有失敬奉，违逆父母的孝亲之意。子孙后代，恐怕有失生育，使双亲后裔血脉断绝；对家人，恐怕有失教训，有损于父母的家规。子侄后辈，恐怕有失和睦，使得父母组建的家庭发生灾祸。丈夫和妻子要尽到作为儿子和媳妇的责任，和气恭顺，恐怕有失和顺尊敬，以致父母心里不安。我有姻亲，是至爱的亲人，恐怕失去素来的交情，以致父母不得安宁。往上说有一国的君主，是父母的主宰，恐怕对其有所不忠，以致父母犯逆反之罪。往下说有民众万物，与父母共同生存于世，恐怕对其有失怜悯，损害父母的幸福。往外说则有朋友，是父母的帮助者，恐怕有失信义，断绝父母交友的原则和道义。老师是我效法的对象，老师的劝导即是双亲的劝导，侍奉老师时恐怕有不贤德的地方，违背了父母的教诲。品行不正和巧言令色的人，是父母所远避的，恐怕自己在交友时不谨慎，使父母的志向受到连累而损毁。仰观可望见天之高远，天帝居于其上，日月星辰，是父母所敬畏的，恐怕会有所冒犯和亵渎，轻易激起天帝的愤怒，以致增添父母的罪过。俯察可观测地之广厚，万物众生依此生长，是双亲所敬奉的，恐怕有所亵渎怠慢，累积成恶业，损害耗费而不加珍惜，酿成灾祸牵累父母。天地之间有神明存在，掌管父母的生命，恐怕自身犯有过失，以致父母的寿命被削减。我的每个动作和举止，都期望符合善的标准，用以成全父母的贤德。

原文

我亲有善，身顺其美。救人之难，即是亲救；济人之急，即是亲济；悯人之孤，即是亲悯；容人之过，即是亲容。种种不一，体亲至意。亲或有过，委曲进谏，俟其必改。以善规亲，犹承以养，养必兼善，方得为子。人各有亲，曷不怀思。

译文

父母有好的行为，我应该学习，以顺承父母的美德。解救他人的危难，就等同是父母施救；救助他人于危急时刻，就等同是父母救助；怜悯他人的孤苦，就等同是父母怜悯；宽容他人的过失，就等同是父母宽容。种种不同的情况，都需要体察父母的至诚心意。如果父母出现某些过错，我就当委婉地进行规劝，一直到其改正为止。以善来规劝父母，就像供养双亲的衣食住行。赡养父母，同时一定要善意规劝，这才是作为子女所该做到的。每个人都有自己的父母，怎么能不牵挂怀念？

救济百姓

原文

父母在日，寿不过百，惟德之长，垂裕弥遐。是以至孝，亲在一日，得养一日。堂上皆存，膝下完聚，人生最乐。惜此光阴，诚不易得。玉食三般，勺水一菽，各尽其欢。加餐则喜，减膳则惧。贫富丰啬，敬无二心。愿亲常安，恐体失和。疾病休戚，常系子心。一当有恙，能不滋虞。药必先尝，衣不解带，服劳侍寝。愈则徐调，食不轻进，相其所宜。倘或不痊，延医询卜。酒不沾唇，至心祷祝。殚厥念力，以求必痊。终天之日，饮食不甘，哭泣失音。衣衾棺椁，多方自尽。三年哀痛，晨昏设荐。佳茔厚穴，安置垄丘。礼送归祠，亲魂有托。庙享墓祭，四时以妥。去亲日远，追思常在。形容面目，若闻若睹。动息语默，寻声觅迹，中心勿忘。抱慕如存，生死同情，幽明一理。孝道由基，大经斯彰。嗟尔人子，纵能如是，体之亲心，未及万一。

译文

父母生活在世，再长寿也就百岁，只有功德才能长存久远。所以说真正的孝，就是父母活在世上一天，子女就侍养他们一天。父母健在，子孙都团聚在父母周围，这是人生最快乐的事情。应该爱惜和父母在一起的光阴，这是难以再获取的。不管是富贵人家的美味珍馐，还是贫贱人家一勺粗茶淡饭，都能让各自的父母尽其欢乐。父母更多地进餐，子女就为此感到高兴；父母减少饮食，子女就会感到忧虑。无论贫穷或富贵，丰裕或困乏，只要对父母的恭敬之心坚定不改，就是行孝。但愿父母的身心长久安乐，害怕父母身体不适。父母的病痛和悲喜，时常系挂在子女心中。父母一旦患了疾

丧亲致哀

病，子女心里怎么会不担忧。侍候父母喝药，药的甘苦自己必定先尝，衣不解带，辛劳服侍父母安寝。父母病愈之后，要慢慢进行调养，控制好饮食，确定食物是否有利于康复。如果父母不能病愈，就请教医生、占问神灵。自己滴酒不沾，以诚挚的心为父母祈福。竭心尽力，求神明保佑父母必定痊愈。当父母逝世之时，饭也难以下咽，痛哭以致声音嘶哑。想方设法、尽心尽力地筹备寿衣、棺椁。悲痛地守丧三年，早晚在灵前祭祀。墓地要选择好的，坟墓要修建完备。将遗体安放在墓地，然后将灵位迎进宗祠，这样父母的魂灵就有了寄托。宗祠的供奉，墓地的祭祀，四季都安排完善。就算去世的日子很久了，自己悼念父母的追思之情也常在心间。父母的音容笑貌，好比亲自听到见到一样。时常安静下来，也不说话，循着声音追寻父母的遗迹，内心时刻不忘父母。心中怀有的敬仰之情，如同父母在世一般。生或者死，阴间或人世，都是同一道理。孝道从此基础开始行使，孝道的伦常就会得到彰显。子女即使能够按照此道理去做，然而关爱父母之心，还是不到父母关爱子女的万分之一。

原文

偈曰：幼而得亲全，安乐不之晓。设无双亲在，饥寒难自保。遭此伶仃苦，方思亲在好。

译文

偈说：年幼时父母都健全，却不知道自己处于幸福之中。假使父母都不在了，自己忍饥受冻，在生活上难以自保。要遭受了这般孤苦无依的苦楚，才会想起父母健在的好处。

原文

又说偈曰：嬉嬉怀抱中，惟知依二亲。何至长大后，渐失尔天真。我亲既生我，我全不能孝。云何我养儿，我又恤之深。反观觉愧悔，方知父母恩。

译文

又有偈说：幼年时嬉戏于父母怀抱中，只知道依恋父母。为什么在长大成人后，逐渐失去了天真。我的父母既然哺育了我，我却完全不能尽到孝心。为什么对自己的儿女，我又恋爱至深？回头反观自己的做法，深深感觉到愧疚和后悔，这才理会到父母的恩情。

原文

又说偈曰：室家是亲成，岂是离亲地。莫道风光好，遂把亲欢易。贫贱是前因，岂是父母遗。生不托亲体，我并无人身。莫怨生我苦，修来自有畀。富贵是亲培，岂是骄亲具。亲若不教我，何有富贵遇。报本正在此，赤怛安可替。最易忘亲处，尤宜加省惕。

译文

又有偈说：夫妻的家庭是父母促成的，但绝不是离开父母的去处。不要觉得外界的风光好，就改变了对父母的喜爱之情。贫贱是前世的缘由，并非父母遗留给你的。我出生在世间，如果不是依靠着父母的身体，我就不能拥有生命。不要抱怨自己的贫苦出身，只要修善积德，此生必能得到回报。

富贵源于父母的培育，而不是用来向父母炫耀的资本。如果没有父母对自己的教育，我又怎能有获取富贵的机遇。报达父母恩情的根本就在于此，赤胆忠心没有什么能代替。在最容易忘记父母的地方，尤其应该警醒小心。

原文

真君曰：子在怀抱，啼笑嘻戏，俱关亲心，实惟真挚。为人子者，能如是否？试一念之，何能暂释。父母强健，能嬉能笑，能饮能食，子所幸见。父母渐衰，嬉笑饮食，未必如常，子心所惕。责我不楚，怜亲力弱。嗔我声微，怜亲气怯。愈加安养，勿致暂劳。父母逝世，苦无嬉笑，及我颜色，苦无怒詈，及我身受。纵有厚禄，亲不能食；纵有锦帛，亲不能被。生不尽欢，追思何及。逝者念子，存者念亲。祭享悠远，隔不相见。思一慰之，悲哀天地，言念斯苦，实难为子。

译文

文昌帝君说：父母怀抱中的婴孩，哭笑玩闹，都牵连着父母的心，这着实是真挚的情感。做子女的，能做到这样吗？试着想想父母的慈爱，怎么能把对父母的关心放下半刻。父母身体强健的时候，能玩能笑，能饮能食，这些是子女很乐于见到的。父母日趋衰老，嬉笑和饮食的状态未必和往常一样，这时子女心中就应该警惕。父母的责打感觉不到疼痛，应怜惜父母力气的衰弱。父母的责骂声音微弱，应怜惜父母的气息不足。这时就更需要我们对父母加以安养，不让父母有一点儿劳累。父母离开人世，听不到能够使我笑逐颜开的父母的嬉笑声，我为此感到痛心；没有了能使我接受教训的父母

的斥骂，为此也感到痛心。即使我享有丰厚的俸禄，父母却不能吃到；即使拥有贵重的锦帛，父母却不能穿戴。父母生前我没能使其尽享欢乐，如今追思更是来不及。死去的父母心里还想着子女，活着的子女也在思念父母。父母的灵魂与我相去甚远，无法相见，只能远远地进行祭祀供奉。只是想要抚慰父母，却因父母离去而悲伤哀痛。说到思念的痛苦，做子女的也很不容易。

原文

乃说偈曰：亲昔养儿日，岂比强壮年。我方学语处，亲疑我啼也。我方跬步时，亲疑我蹶也。我方咿唔处，亲疑我疾也。我方思食处，亲知我饥也。我方思衣处，亲知我寒也。安得本斯志，体恤在亲先。亲今且垂暮，亦岂强壮比。欲将饲我者，奉亲膳食时。欲将褓我者，侍亲寝息时。欲将顾我者，扶亲衰老时。欲将育我者，事亲终天时。何者我曾尽，全然不之觉。生我何为者，能不中自怍。

译文

于是说偈道：父母以前养育儿时的我，是不能和如今养育处于壮年的我相比的。我最初开始学习说话，父母便担忧我是不是在啼哭。我刚刚开始学习走路，双亲便担忧我会摔倒。我才发出咿咿呜呜的声音，父母便担忧我是否生病。我刚想要吃东西，父母就察觉到我的饥饿。我刚想要加衣服，父母就知道了我的寒冷。怎么能够不以父母的慈爱之心为根本，将体恤双亲作为最首要的事情呢。如今父母已经到了垂暮之年，又怎么能和青壮年时相比。试着像父母当初抚养我那样，侍奉父母的饮食。试着像父母当初把我包在襁褓中那样，服侍父母的就寝。试着像父母当初照顾我那样，扶助衰弱的父母。试着像父母培育我成长那样，赡养父母直到去世。这其中的哪一样我曾尽力去做过？但我却完全没有察觉。父母生育我是为了什么，这怎能不使我内心愧疚。

原文

孝子明心宝咒：以此未及万一心，时时处处体亲心。当思爱养恩勤大，每想怀耽乳哺深。日在生成俯仰中，覆载风光父母仁。何殊群物向春晖，切切终身抱至诚。

译文

孝子明心宝咒说：就是做到上述这些，也不及父母爱子之心的万分之一，子女时时处处都应体恤父母的心思。应当想到父母对我怜爱和养育的恩情之大，时刻想起父母孕育哺养我的深情。每一天在天地间成长，一生被美好的风光和父母的仁爱所笼罩。为什么不像万物向往春日光辉一样，终生切记要胸怀至真至诚的情感。

辨孝章第三

原文

真君曰：吾今阐教，以示大众。亲存不养，亲殁不葬，亲祚不延。无故溺女，无故杀儿。父母客亡，骸骨不收，为大不孝。养亲口体，未足为孝；养亲心志，方为至孝。生不能养，殁虽尽孝，未足为孝；生既能养，殁亦尽孝，方为至孝。生我之母，我固当孝；后母庶母，我亦当孝。母或过黜，母或载嫁，生我劳苦，亦不可负。生而孤苦，恩育父母，且不可忘，何况生我。同母兄弟，我固当爱；前母兄弟，我亦当爱。同气姊妹，我固当和；连枝妯娌，我亦当和。我生之子，我固当恃；前室遗子，我亦当恃。众善家修，无不孝推。如是尽孝，始克为孝。始知百行，惟孝为源。

译文

文昌帝君说：我今天阐释教义，以告知大众。父母在世的时候，没有尽心供养；父母过世后，也不将其下葬，这样父母的福泽将不能延续长久。无缘无故地溺死女婴，杀死儿子；父母客死他乡异地，也不替其收尸埋葬。这些都是最大的不孝。仅仅供养父母的衣食，还不能算是孝；要能够体察父母的心志，才算最大的孝。父母在世的时候没有尽心赡养，父母过世时虽然能尽孝，也并不是做到了孝。只有在父母生前能够尽到赡养之责，死后也能够尽孝，这才是真正的大孝。对我的生母，我固然应该尽孝；对后母和庶母，我也应当尽孝。我的母亲或许因为犯错而被父亲离弃，或者改嫁，但母亲生育我的劳苦，还是不能辜负。从小就和父母分离而孤苦伶仃，对我有抚养之恩的养父母都不能忘记，又何况是亲生父母？同母的胞兄弟，我固然应该友爱；但对于前母所生的兄弟，我也应该友爱。亲生姐妹，我固然应该和睦；但对于妯娌，我也应该和睦。我的亲生子女，我固然应该呵护；但对于前妻所生的子女，我也应该呵护。一切善行家人都一起实施，所有善举均由孝心得到推行。用这样的方式来尽孝，才能算是真正地尽孝。由此才知道，百种品行中只有孝才是源头。

原文

我孝父母，不敬叔伯，不敬祖曾，于孝有亏。我孝父母，不爱子孙，不敦宗族，于孝有亏。我孝父母，不和姻娅，不睦乡党，于孝有亏。我孝父母，不忠君上，不信师友，于孝有亏。我孝父母，不爱人民，不恤物命，于孝有亏。我孝父母，不敬天地，不敬三光，不敬神祇，于孝有亏。我孝父母，不敬圣贤，不远邪佞，于孝有亏。我孝父母，财色妄贪，不顾性命，知过不改，见善不为，于孝有亏。淫毒妇女，破人名节，于孝有亏。力全名节，于孝更大。奉行诸善，不孝吾亲，终为小善；奉行诸善，能孝我亲，是为至善。孝之为道，本乎自然，无俟勉强。不学而能，随行而达。读书明理，因心率爱，因心率敬，于孝自全。愚氓愚俗，不雕不琢，无乖无戾，孝理自在。苟具灵根，知爱率爱，知敬率敬，于孝可推。孝庭子容，孝壶妇仪。孝男端方，孝女静贞。孝男温恭，孝女柔顺。

孝子诚悫，孝妇明洁。孝子开先，孝孙承后。孝治一身，一身斯立；孝治一家，一家斯顺；孝治一国，一国斯仁；孝治天下，天下斯升；孝事天地，天地斯成。通于上下，无分贵贱。

译文

我孝敬父母，却不敬重叔伯，不敬重祖先，孝德就有缺损。我孝敬父母，却不爱子孙，不促进宗族和睦，孝德就有缺损。我孝敬父母，却不与姻亲和爱，不与乡邻和睦，孝德就有缺损。我孝敬父母，却不效忠君王，对师友不守诚信，孝德就有缺损。我孝敬父母，缺不关心人民，不体恤万物，孝德就有缺损。我孝敬父母，却不敬奉天地，不敬奉日月星三光，不敬奉天神地祇，孝德就有缺损。我孝敬父母，却不敬重圣贤之人，不远离奸恶，孝德就有缺损。我孝敬父母，却过于贪求钱财美色，不珍惜自己的生命，知道过错而不改正，见到应该做的善事却不做，孝德就有缺损。奸淫残害妇女，玷污他人的名声和节操，孝德就有缺损。竭力保全他人的名节，这对于孝来说更为博大。虽然奉行各种善事，然而却不孝敬自己的父母，终究只是小的善；奉行各种善事，又能孝敬父母，才算是至大的善。孝作为一种品德，源自于自然本性，没有任何的勉强。孝不用经过学习就能推行，在行动中就能达成。读书明白了事理，用良心主导爱，用良心主导敬，自然可以成全孝道。缺少文化的普通百姓，未经过刻意雕琢，也没有暴戾乖逆之气，这自然包含孝道。倘若让他们具备智慧的根性，知道用仁爱之心来主导爱，用恭敬之心来主导敬，如此孝道就可以得到推广了。儿子在父母之前的孝敬与否，看儿子的容颜就可以知道；闺中女子的孝敬与否，看媳妇的仪容就可以知道。孝子的行为端庄大方，孝女淑静贞洁。孝子温厚恭敬，孝女柔和顺从。孝子行为诚恳，孝妇明净端洁。孝子率先行孝，孝孙就会继承。用孝修身，一身的品质就能端正；用孝治家，一家上下就能和顺；用孝治国，国家就会充满仁爱；用孝治理天下，天下就会太平；用孝敬奉天地，天地就会安宁。总之，孝是万物之本，它通达于天地，人无论贵贱，都应尽孝。

原文

偈曰：世上伤恩总为财，诚比诸务尤为急。相通相让兄和弟，父母心欢家道吉。财生民命如哺儿，禄奉君享如养亲。本之慈孝为源流，国阜人安万物熙。

奉君如养亲

译文

偈说：人世间破坏恩情之事总和钱财有关，处理好此间的关系比其他各种事情更为重要。兄弟之间应该相互理解、相互谦让，父母心中欢喜则家庭也会吉庆。花费钱财抚育民众的生命如同哺乳幼儿，担任臣子的侍奉国君就应像侍养父母一般。总之以仁慈孝敬为源流，国家就会富强，人民就能够生活安定，万物也会兴盛光明。

原文

又说偈曰：子赖亲安享，不思尽孝易。若或罹困苦，方知尽孝难。难易虽不同，承顺是一般。

译文

又有偈说：子女依靠父母的庇护得以安乐，却不思考尽孝是否是容易做到的事情。只有当遭受了困难和劳苦之后，才明白尽孝的艰难。难易虽然不同，但恭敬地顺从父母却是一样的。

原文

又说偈曰：今为辨孝者，辨自夫妇始。孝子赖贤助，相厥内以治。后惟尽其孝，君得成其绪。妇惟尽其孝，夫得成其家。同气因之协，安亲无他意。自古贤淑妻，动即为夫规。上克承姑顺，下克抚媳慈。从来嫉悍妇，动即为所惑。承姑必不顺，抚媳必不慈。惟尽为妻道，方可为人媳；惟尽为媳职，方可为人姑。身有为媳时，亦有为姑日。我用身为法，后人无不格。嫔妃与媵妾，致孝以安命。妇德成夫行，化从阃中式。

所系重且大，淑训安可越。

译文

又有偈说：现在我所分辨的孝，是从夫妇关系开始辨别的。孝子需要依靠贤妻的帮助，夫妻互相扶助就能治理好家庭。皇后唯有尽到自己的孝心，皇帝才能继承发展先皇传下来的事业。妻子唯有尽到自己的孝，丈夫才能经营好家庭。夫妻因为孝才同心相协，安养父母时一心一意。从古至今贤惠美好的妻子，其行动就是丈夫的典范。她对上懂得顺承婆婆的心意，对下能够安抚媳妇。而自古以来嫉妒心强的悍妇，其丈夫的行动就会被邪恶所迷惑。她既不能够顺承婆婆的心意，也不能安抚慈爱媳妇；唯有尽力遵照做妻子的道理做事，才能做好人家的媳妇；唯有尽力履行做媳妇的责任，才能做好人家的婆婆。女人既有做媳妇的时候，也有做婆婆的时候，自己能够以身作则，自己的后人也就不会不懂规矩。嫔妃或者侍妾，只有尽孝才能安身立命。妻子良好的品行对丈夫的事业有促进作用，这也都是由居家的行为标准促成。这其中的关系重大，做女人的训条是不可以跨越的。

原文

又说偈曰：辨之以其心，毋使有不安。辨之以其行，毋使有或偏。辨之以其时，毋使有或迁。辨之以其伦，毋使有或间。大小各自尽，亲外罔所愆。诚伪在微茫，省惕当所先。

译文

又有偈说：若从心的方面来辨别孝，则不能使心不安分。

若从行为的方面辨别孝，则不能使行为偏斜。若从时间的方面来辨别孝，则不能使本有的孝行发生改变。若从伦理的方面来辨别孝，则不可使本有的孝行混乱。大小长幼各自尽孝，家庭内外都没有过失。真诚和虚伪的界限很模糊，所以在行动之前应当反省和警惕。

原文

又说偈曰：亲怀为己怀，至性实绵绵，即是佛菩萨，即是大罗仙。

译文

又有偈说：父母的情怀就是自己的情怀，至诚的本性实在是延绵不断，这便是佛菩萨，这便是大罗仙。

大罗仙

原文

纯孝阐微咒：万般切己应为事，俱从一孝参观到。胸中认得真分晓，孝上行来总是道。

译文

纯孝阐微咒说：万种关乎自己的当做之事，都可以从孝来观测到。心中知道了真正的道理，凡事按孝出发就永远合乎道理。

守身章第四

原文

真君曰：所谓孝子，欲体亲心，当先立身。立身之基，贵审其守。无身之始，身于何始？有身之后，身于何育？有挟俱来，不可或昧，当思在我。设处亲身，爱子之身，胜于己身。菩菩乳哺，望其萌芽，冀其成材。寸节肢体，日渐栽培。何一非亲，身自劳苦，得有此身。亲爱我身，如是之切。保此亲身，岂不重大？守此亲身，尤当倍笃。遵规合矩，如前所为。矜骄不形，淫佚不生，嗜欲必节。父母之前，声不高厉，气不粗暴；神色温静，举止持祥。习久自然。身有光明，九灵三精，保其吉庆；三尸诸厌，亦化为善。凡有希求，悉称其愿。兢兢终身，保此亲体，无亏而归，是谓守身。苟失其守，块然躯壳，有负父母，生而犹死。

译文

文昌帝君说：所谓孝子，想要体恤双亲的心志，首应当

君子立身守道

立身。立身的基础贵在能慎重地保持自己的操守。没有人类的初生之时，身体是从何处而来的呢？具备人身之后，身体又是如何得到养育的？我持有的良心是与生俱来的，不可以欺骗自己的心志，我应当好好想清楚。再设身处地地想想我的父母，父母爱护子女的身体，胜于爱护自己的身体。父母艰辛地哺乳，盼望子女渐渐成长，期盼子女都能成为有用之才。我身体的一寸一节，日渐得以成长，有哪里不是靠了父母的栽培养育。因为父母身心劳苦，这才有了我的存在。父母爱护我，是多么的关切。好好保护自身，这事难道不重大？守护好自己的身体，尤其应该加倍坚定。行为举止应合乎规范，按上述种种合乎孝道的规范去做。不傲慢自大，不生淫邪之心，节制自己不好的嗜好和欲望。在父母面前，语言不要激烈，脾气不要粗暴，神色温和宁静，举止舒缓安详，这样做的时间一久就会变成自然而然的事情。如此一来，身体充满光明，九灵三精等神仙就会保佑你吉祥喜庆。而三尸等恶鬼邪神，也会变恶为善。凡是希望获得的东西，都会如愿以偿。细心谨慎，终生守护好父母所赐的身体，使躯体回归自然时没有一点儿亏损，这就是守身。如果不能持守好，白白拥有了一身躯壳，就有负于父母，活着就和死了一样。

原文

抑知人生，体相完备，即有其神，每日在身，各有处所。一身运动，皆神所周。神在脏腑，欲不可纵；神在四肢，刑不可受。纵欲犯刑，非伤即死。凡有身者，所当守护。守真为上；守心次之；守形为下。愚夫匹妇，无所作为，亦足保身。何尔聪明，奸伪妄作，昧性忘身，沉溺欲海，全不省悟。

大罗天神，观见斯苦，发大慈悲，降生圣人，以时救度。惟兹圣人，躬先率孝。加检必谨，加恤必至。不忍斯人，堕厥亲身。一切栽持，遂其所守。种种孝顺，当身体物。体在一身，化在众生。畀兹凡有，同归于道。身居不动，肆应常普。如是守身，是为大孝。

译文

要知道人生在世啊，只要形体、相貌完好，就会存在神，它每天都在人的身体中，身体各个部位都有它的处所。身体的运动，均由神掌控。神停留在五脏六腑，则不可以纵欲；神停留在四肢，则不能接受刑罚。放纵自己的欲望、触犯刑律，不是伤残就是死亡。因此，凡是拥有身体的人，都应当努力守护。人能做到保守真性是最上乘的，保守本心次之，保守形体最下。普通的老百姓，并没有什么大的作为，也能做到保身。为什么你这般聪明，却要去做奸邪之事，蒙昧了真性，忘记了保身，沉溺于欲海之中，却完全不知道反省和醒悟。大罗天神看见这些，发出了大慈大悲之心，从天上降生下圣人，希望能以此对身遭苦难的人随时进行救度。单只有这样的圣人，亲自行孝作为表率。谨慎地加倍省察自己，加倍体恤自身。不忍心看世人把父母赐给的身体堕落损毁。对一切进行栽培扶持，使他们实现对自身的守护。做各种符合孝道的事情，身体力行，体恤万物。体恤万物本为一人之事，感化的却是芸芸众生。运用这个道理教化世人，使其同归于孝道。持守自身不为所动，而对一切事物又能普遍地应对，像这样守身，那就是大孝。

原文

即说偈曰：亲视子身重，常视己身轻。人何反负己，损身背吾亲。莫将至性躯，看作血肉形。今生受用者，夙世具灵根。

译文

即说偈道：父母非常重视子女的身体，而经常看轻自己的身体。人为什么还反而要背离自己，损害自身而辜负父母的苦心？切勿将富有灵性的身躯，仅视作为血肉形体。今生能够享用的，是由往世的灵根造就。

亲视子身重

原文

又说偈曰：一切本来相，受之自父母。谓身即亲身，人犹不之悟。谓亲即身是，重大不可误。完厥惺惺体，尽我所当务。无量大道身，圆满随处足。

译文

又有偈说：一切原本的形体相貌，均是从父母那里获得。可以说自己的身体便是父母的身体，但人们还是一直不能觉察这道理。所谓父母即是自身的说法，重大而没有错误。保全这个灵慧的躯体，完成我当前应做的一切要务。达成无量大道身，便可随处圆满充足。

原文

又说偈曰：同此亲禀受，一般形体具。善哉孝子身，超出浮尘世。以兹不磨守，保炼中和气。真培金液形，元养玉符体。广大不可限，生初岂有异。

译文

又有偈说：每个人的形体都是秉承父母而具备的。孝子之身非常的好啊，可以超越我们生活的世俗世界。对自我身心的守护之心永不磨灭，保护并锻炼中和之气。以真气养成长生不坏之身，以元气涵养神仙之体。广大而不可估量，这样的身体与最初的本性是没有差异的。

原文

孝子金身咒：惟此光明孝子身，果是金刚不坏身。化成即在当身内，现出千千万亿身。

译文

孝子金身咒说：唯有这般光明孝子身，确实是金刚不坏之身。变化成就即是在自己体内，显现出千千万亿个化身。

教孝章第五

原文

真君曰：孝自性具，教为后起。世多不孝，皆因习移。意（愚）既罔觉，智又误用。圣人在上，惟教为急。教之之责，重在师傅，尤当慎择。贤良之师，化恶为善；不贤之师，变善为恶。师而不教，过且有归；教之不善，其罪尤大。不贤之师，导之匪僻，引之邪佞，养成不肖，流为凶顽，越礼犯纪，妄作无忌。虽欲救之，急难格化。如是为教，罪实非轻。

译文

文昌帝君说：孝性是天生具有的，行孝的教化则是后天的。世上有很多不孝的人，都是因受习俗的影响而发生转变。愚笨的人不能觉悟事理，聪明的人又误用心智。圣人身处上位，唯以教化世人为当务之急。教化的职责，关键是师傅，这方面尤其需要慎重选择。贤明的师傅，能够将恶教导为善；不贤明的师傅，只会将善改变为恶。师傅不教导学生，这就是过错，师傅需要负责；而教学生不良的东西，这罪过是尤其重大。不贤明的师傅，会教导人邪恶不正，将具引入奸邪之道，最后教成的学生品行不端，流变成凶残顽劣之徒，僭越礼法，

贤良之师，化恶为善

违法乱纪，恣意妄为而无所忌惮。对这样的人，虽然力图挽救，但一时间也难以令其转变。像这样为师育人，罪过实在不轻。

原文

药石之师，惟贤是与。行己端庄，导人忠信，教不他设。孝无畸形，因其本然，还所固有。朝敦夕诲，幼育长循，惟兹孝弟，化行是先。虽至愚氓，无不晓习。如是为教，功实不少。为功为罪，职岂易任。惟名尊严，其实如何？孝弟是宗。能乎孝者，弟亦本诸。助君为理，转移风俗，全在师儒。教不可误，师不可违。自重在师，率教在弟。孝原自具，有觉斯兴。

译文

真正能够教导人向善的良师，只求把美好的品质都教给学生。老师自身的行为端正大方，教导人忠信的道理，不会传导其余不合礼教的东西。孝没有不合规律的行为，都是因循人的自然本性，回归于人所固有的善性。早晨督促实行，夜晚加以教诲，长幼都因循而行。只有依此孝悌之道，最先教化改变人的行为。即使是愚昧之人，也没有不知晓熟悉的。如果像这样去进行教导，功德实在是不小。既能立功也能获罪，师傅的职责不是轻易能担任的。师傅的名声尊贵又威严，其背后的实质是什么样的呢？就是把孝悌作为一切的宗旨。如果能够以孝道使人信服，悌道也会在此基础上得到推行。辅助君王治理国家，改正不好的习俗，完全在于以儒者为师。教导不能失误，师命不可忤逆。师傅应做到自尊自爱，弟子应该听从教诲。孝的品德原本是天性自有的，受到点拨觉察后，孝心得以兴起。

原文

偈曰：孝弟虽天性，良师当时省。一或干不孝，何能全弟行。罪愆有攸归，师实难卸任。能作如是观，训之方有定。

译文

偈说：孝悌虽然出自天性，良师也应该时时警醒。做出一件不孝的事情，悌行就无法圆满。罪过都有源头，师傅没有办法推卸责任。能有这样的感观，教导弟子时才能确定准则。

原文

又说偈曰：教虽赖良师，人亦当自谨。无自干不孝，徒然费师训。

译文

又有偈说：教化虽然要依靠好的师傅，人们自己也应当谨慎。没有缘由地做出不孝的行为，师傅的教训亦是白白浪费。

孝感章第六

原文

帝君曰：吾证道果，奉吾二亲，升不骄境，天上聚首，室家承顺，玉真庆宫，逍遥自在。吾今行化，阐告大众：不孝之子，百行莫赎；至孝之家，万劫可消。不孝之子，天地不容，雷霆怒殛，魔煞祸侵；孝子之门，鬼神护之，福禄畀之。惟孝格天，惟笑配地，惟孝感人，三才化成。惟神敬孝，惟天爱孝，惟地成孝。水难出之，火难出之，刀兵刑戮，疫疠凶灾，毒药毒虫，冤家谋害，一切厄中，处处祐之。孝之所至，地狱沉苦，重重救拔；元祖宗亲，皆得解脱；四生六道，饿鬼穷魂，皆得超升；父母沉疴，即时痊愈。三十六天，济度快乐；七十二地，灵爽逍遥。是以斗中，有孝弟王，下有孝子，光曜乾坤，精贯两仪，气协四维，和遍九垓，星斗万象，莫不咸熙。神行河岳，海波不扬；遐荒是奠，遐迩均孚。孝之为道，功德普遍。

译文

帝君说：我修得道果，奉养我的双亲，升至不骄帝境，和家人在天上相聚，妻室恭谨顺从，一家人在玉真庆宫里，逍遥自在。我如今施行教化，阐明道理告知大众：不孝的子女，百种善事都无法救赎他的罪过；具备至孝品德的人家，万般劫难也都能免除。不孝的子女，不为天地所容，遭遇天打雷劈，魔鬼恶煞会用各种灾难侵袭他；孝子之家，有鬼神的护佑，有福禄的赐予。只有孝能够认知天，只有孝能够配享地，只有孝能够感化人，天、地、人三才因而化成。只有神敬奉孝，只有天爱护孝，只有地成就孝。无论是水灾、火灾、战争刑戮、疾病凶灾、毒药毒虫、仇家谋害，一切灾难，往往都有神灵的庇佑。孝道所行之处，即使沦入地狱般的苦难，均将获得解救；始祖宗亲，都将获得解脱；四生六道，其中的饿鬼穷魂，都将获得超升；父母的重病，会即刻痊愈。三十六天中，济度是快乐；七十二福地，灵魂逍遥自在。因而在斗星中，有

融乐之家

孝弟王，在下界有孝子，光芒照耀天地，精气贯通宇宙，协调四方，和调九天，星斗万象，没有不兴盛的。神行山川河岳，海面波涛不扬；遥远的地方前来朝贡，远近人民都臣服。孝作为道，它的功德遍及一切。

原文

偈曰：迹显心亦显，感应固神妙。若有心不孝，盗名以为孝，假以欺世人，中实难自道。迹或似不孝，身心实尽孝，世人竞黜之，心惟天可告。独此两等人，感不漏纤毫。天鉴不可欺，祸福时昭报。

译文

偈说：行迹显露，人心也随之显露，善恶的感应本来就神妙。如果内心不孝顺，只是为了盗取名声而行孝，这是假借行孝欺骗世人，但这其中的道理实在难以阐明。有的人的行迹好像是不孝，而身心却真的在尽孝，世人却竞相贬黜他，其内心所想只能向上天倾诉。唯独这两类人，感应不会遗漏一丝一毫。上天的明鉴不能欺骗，祸福的报应便时时昭显。

原文

真君曰：凛哉！凛哉！今劝世人，遵吾修行。感应之机，速于众善。背吾所言，天条不赦，万劫受罪。

夫人之生，养亲有缺，且难为子，何况世人，毁骂父母，腹诽父母。亲且毁骂，殴叔詈伯，弑君凌师，无所不为。

子在怀抱，气不忍吹。及其长也，爱之者真，训之者严。以爱子心，用之挞楚，挞亦是爱，嗔亦是爱。即有盛怒，子惟柔顺。欲再杖时，手不能下。何尔世人，拒亲责己，如抗大敌。天怒地变，岂容大逆。

子有病厄，亲处不安。何于亲疾，绝不关心。子有劳苦，亲关痛痒。何况我体，犯法极刑。子苟不育，泪不曾干，冀其重生，伤入七情。何尔世人，父母终天，未及三年，思慕中衰。飨祭失时，亲骨不葬，且干不孝。何尔世人，贫发亲冢，卖穴暴露。嗟尔父母，念念及子。何尔世人，凡事用心，独于父母，有口无心，不肯实为。人之一身，诸般痛楚，何处可受？何尔化外，火焚亲尸，全无隐恻，美名火葬，于心最忍。夫人之死，口不能言，肢体难动，心实未死，犹知痛苦。过七七日，心之形死，其形虽死，此心之灵，千年不死。火焚而炽，碎首裂骨，烧筋炙节，立时牵缩，心惊肉跳，若痛苦状。俄顷之间，化为灰烬。于人且惨，何况我亲？

抑知冥狱，首重子逆。阎罗本慈，人自罪犯，多致不孝，自罹冥法。人尽能孝，多致善行，地狱自空。一节之孝，冥必登记，在在超生。诵是经者，各宜省悟。苟无父母，乌有此身。报恩靡尽，衔慈莫极。人果孝亲，惟以心求。生集百福，死列仙班；万事如意，子孙荣昌；世系绵延，锡自斗王。是经在处，可镇经藏，可概万行，厌诸魔恶，成大罗仙，长保亨衢，何乐不从？

译文

真君说：畏惧啊！畏惧啊！如今我劝诫世人，遵循我所说的开始修行。上天对众生的感应预兆中，孝比其他的各种善行都迅速。违背我的箴言，天的法则也不会对其宽赦，将会万劫不复，永世遭受惩罚。

人的一生，不能完好地赡养父母，尚且不能算做称职的子女，又何况世上之人，诋毁恶骂父母，口上不言，却在心里反对父母。连父母尚且敢咒骂，至于打骂叔伯，弑杀君主，欺凌老师，没有什么不敢做的。

子女躺在父母怀抱中时，父母都害怕自己的呼气将孩子吹醒。等到子女长大，父母对孩子爱得真切，教导也很严厉。出于对子女的爱心，鞭打子女，鞭打其实也是父母爱的体现，嗔怒也是父母爱的体现。父母即使大发雷霆，子女也要柔和顺从。父母再想打，也不忍下手。为何如今的世人，拒绝接受父母对自己的责备，如同对抗大敌一样对抗父母。天地也要为此震怒惊变，怎么能容忍这种大逆不道之人。

子女遭受疾病灾厄，父母坐卧不安。为何对于父母的疾病，子女一点儿也不关心。子女承受的劳苦，都关系着父母的痛痒。何况我因触犯法律，身体被处以极刑。子女如果夭折，父母的眼泪就没有干过，但愿子女能重获新生，伤痛深入心扉。为什么当今世人，在父母过世后，还不到三年，对父母的思慕之情就已经衰减了。供奉祭祀都不及时，父母的尸骸没有安葬，而且做出不孝的事情。为什么当今世人，贫穷后就挖掘父母的坟墓，出卖墓地，让父母的骨骸暴露在外。可惜你们的父母，时刻都念及你们。为什么当今世人，对切身的事都很用心去做，唯独对关系到父母的事情只会嘴上说说，心里却不是这样想，不愿意真正去做。人的身体，对于种种苦痛，有哪一处能够忍受得住？为什么没受教化之人，用火焚毁父母的遗体，全然没有同情怜悯之心，甚至美其名为火葬，这样的心思最为狠毒。人死之后，口不能说话，四肢不能动作，但心其实还没有死，仍然能够感觉到痛苦。过了七七四十九天之后，心的肉体便会死去。虽然心的肉体死去了，可是心

报亲之恩

的灵魂却千年不灭。在烈火焚烧的时候，火焰炽烈，使头颅破碎，骨骼断裂，筋脉燃烧，关节焚毁，人的尸骨便立刻收缩，心惊肉跳，仿佛呈现极端痛苦之状。顷刻之间，尸体化成灰烬。这对于任何人来说都很凄惨，更何况我的父母？

要知道冥界的讼案，首先严惩子女忤逆的罪过。阎罗王本性是慈善的，但是世人多犯罪，以致不孝，触犯冥界的法律。若人都能行孝，多做善事，冥界自然就没有了。单件行孝的行为，冥神必定会登记，从而处处超生。诵念此经的人，都应各自省悟。如果没有父母，就不会有我的身体。报答父母之恩没有尽头，感激父母的慈爱不会终结。人如果真的孝敬父母，只有用心去做到。活着能集聚百福，死后也能位列仙班；万事都可如己意，子孙尊荣昌盛；宗族世系绵延留存，这恩赐都来自于北斗星君。这部经书所在的地方，能够镇守佛道经藏，能够包含万种行为，压制一切魔鬼恶神，成为大罗神仙，长久地保持通达顺畅，何不乐于听从呢？

原文

孝感神应咒：禔唎禔唎，人子心曲，仰事俯育，一家气和。飞鸾广度，乐恺先歌，如意宝光，普照长怹。

禔唎禔唎，尽孝靡他，解尽亲厄，消尽亲过，罪灭福生。孝思不磨，超脱九幽，永离网罗。欲报亲慈，惟心常慕。

禔唎禔唎，至孝诚乎，亲生福禄寿增多，归去逍遥升天都，孝思不磨，乐永，佗娑唵娑诃。

但愿人子心，常如在母腹，一呼一吸中，吮血茹膏液；一血一脉间，俱属在父怙。情虽性发，依为命府，阴阳日月从此穌，乾坤翕辟从此穌，五声六律五行穌，五伦妙道从此穌。

孝思不磨

太虚有尽处，孝愿无嗟磨。佗娑佗娑娑佗娑佗唵唎婆唎。

译文

孝感神应咒：提唎提唎，身为人子，他的心事是，对上侍奉父母，对下抚养妻小，使一家人和气。神仙驾着鸾鸟广济众生，喜乐的歌声遍地飘扬，如意的宝光，普照长乐之人。

提唎提唎，尽孝没有别的，无非就是要为父母把灾厄消除殆尽，将父母的过错尽数减去，以求罪过消去，福祉生成。孝心不曾磨灭，就可超脱地域幽冥，永离灾厄的罗网。要想报答父母的慈爱之心，只有在心中时时想着尽孝。

提唎提唎，做到至孝至诚，可以为父母增添福禄，延长寿命，去世后能逍遥升入天府，孝心不磨灭，喜乐福气永在，佗娑唵娑诃。

但愿人子之心，时常能像在母亲腹中一样，一呼一吸，都吮吸着母亲的脂膏和血液；一血一脉，都依仗着父亲才能生成。性情虽然是随性而发，却也是命的依靠，阴阳、日月从这里得以协调，天地的运行是从这里得以协调，五声、六律、五行得以协调，五伦妙道也是从这里得到协调。宇宙也有终结的一端，但孝的意愿却不会磨灭。佗娑佗娑娑佗娑佗唵唎婆唎。

原文

孝子文印偈曰：至文本无文，韫之孝道中，发现自成章，司之岂容泄。天聋与地哑，非聋亦非哑，特将天地秘，不使人尽解，朱衣与魁光，变幻文人心。遇彼不孝子，塞其聪明路；遇彼纯孝子，开其智慧途。凡才作仙品，仙品作凡才。文虽有高下，黜陟岂人操。或因前生报，或因今生报，今生或后报，必当为孝显。文章作证明，阐扬在大道。

译文

孝子文印偈说：上好的文章并无华美的文辞，若将之蕴含在孝道当中，则能发现文字能自然成章，而这实行起来不容任何泄露。天聋和地哑，并不是真的聋和真的哑，只是特意为了使天地的奥秘不被人们完全了解。朱衣和魁光双星，使文人的心智变幻。遇上那些不孝的子女，会阻塞其聪明的道路；遇到那些纯正的孝子孝女，就会开通其智慧的道路。普通才能的人可以位列仙品，位居仙品的人也可能成为凡人。文章的等次有高低之分，贬斥和提高是人所不能操纵的。或许是因为前生今报，或许是因为今生今报，今生报或者后世报，都必定通过孝道得以显达。文章可作为证明，阐述及传扬则在于大道。

原文

孝子桂苑天香心印偈曰：我有蟾宫桂，仙品真足贵。禀蕴斗星灵，包含月华精。元和钟妙蕊，枝根挺天衢。苍龙覆七曲，光辉连玉宇。栽得大灵根，吐兹百宝芬。一萼自天逗，大地万花稠。流化在人间，所到无不周。纷纷世上胄，植香岂不茂。易茂亦易落，暂而不能久。无如天上桂，一萼盛千薮。愈散觉愈远，愈久觉愈悠。香随九天翔，浩荡风清飙。馨怀万会秋，真妙永无量。名之为金粟，载之在奎斗。珍贮庆宫中，高占璧楼头。不是擎元叟，莫得主其有。若非植善手，莫得攀兹秀。勿与轻薄子，必以孝为首。莫下害良笔，莫使亵字手。孝子之所为，我当赍赐厚。千祥凝聚处，早把天香授。果是诚孝子，不求而自授。不孝不弟人，求攀终莫有。变孝妄行逆，有必夺其有。悔逆猛从孝，无仍赐其有。圣人孝天地，大位帝眷佑。须知世所贵，必从天上酬。祈游桂苑者，宜认此来由。中间莫错路，自有非常遘。亿色花香里，重重宝光覆。洞明万户玲，天天叠文秀。凝成篆籀章，结合五霞构。秘策列缤纷，仙韵不停流。悉在光中过，遍照大神洲。盘旋观不尽，群仙晤且逅。花随步履扬，馥自冠裳透。略嗅云霄桂，洗尽尘俗垢。千孔与百窍，感香俱灵牖。心腑也充满，福缘无不偶。入闱独推元，垂芳能不朽。宝哉勿轻锡，慎重待孝友。

译文

孝子桂苑天香心印偈说：我有月宫的桂枝，真正珍贵的仙品。蕴藏星斗的灵气，包含月亮的精华。元和之气积聚在奇妙的花蕊中，根枝挺向辽阔的天空。苍龙覆盖着东方七座星宿，耀眼的光辉连接宇宙。栽培出大灵根，散发出百宝芬芳。一个花萼就能洞察天的尽头，大地万花茂密。流化在人间，所到之境无不周全。诸多世间的后代，培植后怎能不繁茂。容易繁茂也容易衰败，暂时而无法长久。不比天上的桂枝，一个花萼就胜过凡间的成千上万个。越散发就越觉得香气悠远，时间越久越觉得清幽。香气飞散在九天，随清风飒风飘荡。芳馨怀抱万秋，其中的真实与奇妙永远不可限量。其名称为金粟，被装载在奎斗。珍藏在玉真庆宫之中，高高占据壁楼之巅。若非持受善的长者，则不能主宰它。如果不是积善人的手，是不能采摘这朵鲜花的。不能将它给予轻薄的人，必定要给予以孝为首的人。不要下笔陷害忠良，亵渎文字的手不要使用。孝子的良好行为，我必当赐予重赏。在祥瑞聚集的地方，尽早把芳香的桂花授予他。如果果真是诚心的孝子，不用求取我自然会授给他。不孝不悌的人，就是攀求也不会享有。改变了孝行，妄自倒行逆施，即便拥有也定会被剥夺。悔改违逆的行径而努力从事孝道，即使没有的福分，上天也会赐给他。圣贤的人孝敬天地，文昌帝君便会眷顾保佑他。必须得知道世间贵重的东西，必定来自上天的酬报。祈盼遨游桂苑的人，应该能认识到这个缘由。在其间不要走错道路，自然会有不寻常的境遇。身处亿色花香里，被重重宝光覆盖。洞明千家万户，每天都叠加文才。凝练成各种文章，结合成五色霞光。奥妙的书册缤纷排列，仙灵的气韵不停流转。一切都在光明中流过，神州大地全部得到照耀。盘旋低回观看不完，群仙偶然间相会。花朵随着步履飞扬，芳香从衣帽里透出。稍稍闻到天上的桂香，就可洗尽尘世的污垢。千孔、百窍，受香味的熏染都获得灵气。心肝脏腑也都充盈灵气，降临的福分都成双成对。进入花圃单独被推为魁首，流芳百世而不衰朽。珍贵的宝物啊，不能轻易赐予，而应慎重地等待孝敬父母、友爱兄弟的人。

原文

吾奉九天元皇帝君律令，乃说赞曰：纯孝本性生，无不备于人。体之皆具足，践履无难循。以此瞻依志，无忝鞠育心。在地自为纪，在天即为经。生民安饮食，君子表言行，父母天亲乐，无奇本率真。人人若共遵，家国贺太平。放之充海宇，广之塞乾坤，孝行满天下，尘寰即玉京。

译文

我遵奉九天元皇帝的律令，在此赞道：纯粹的孝由本性而生，人人都已具备。用心体察，人人皆有具备，践行时也不难遵循。以此观察其心志，才不会愧对父母抚养的用心。在地是作为法度纪律，在天就称为纲纪法则。百姓安然饮食，君子彰显言行，父母享受天伦之乐，这些都不足为奇，不过是出自原本率真的心性。如果人人共同遵守，家国便可恭贺太平。施行孝行使之塞满宇宙之内，广布孝行使之塞满天地之间。孝行充满天下，尘世则成仙境。

原文

说赞未毕，声周三界。惠日蔼风，一时拥护。尔时，有朱衣真君，恭敬稽首，深会妙旨，演为慈孝钧天大罗妙乐，以广圣化。爰命金童玉女，著五色霞衣，按歌起舞，奏曰：

教孝有传经，奏恺成声。母慈昱昱，父爱甄甄，子色循循。妻婉婉，夫訚訚；兄秩秩，弟恂恂，姑仁媳敬承。父携子，祖携孙，恩勤。室蔼蔼，家溱溱，俱是父母一般心。乐衎衎，何地不生。至性中笃，实天情。欢腾普天下亿兆馨蒸，气洽门屏，俱如家人父母一般心。有身有亲，始信有君有臣有民。师弟良朋，咸归于贞，邦家总孝成。愿人生过去父母，早升紫庭；现在父母，祺禄享遐龄。化遍乾坤，中和瑞凝，九光雯，百和音。漠漠天钧，瀜瀜六宇，听雝鸣，并坐长春，并坐鸾笙，直上瑶京，达帝闻。

尔时，乐舞三寻，天龙凤族，声和翔集，众籁腾空，香花围绕。真君喜悦，手举如意，更示大众：我力演教，宣扬妙道。慈孝感洽，化应曛征。遂如是观。众等宝之，传写广劝。劝一人孝，准五百功。劝十人孝，准五千功。自身克孝，当准万功。事后母孝，准万万功。亲亡事祖，如孝父母，准万万功。善哉善哉！谛听吾言。于是朱衣魁星，天聋地哑，及诸仙众，欢喜踊跃，命诸掌籍，载之玉册，信受奉行。

译文

说赞尚未结束，声音已传满三界。和煦的阳光，徐徐的清风，一时间都来拥护。此时，有位朱衣真君，恭敬地行跪拜之礼，深深地领会了其中精妙的意旨，进而将其演绎成慈孝钧天大罗妙乐，以广布圣人的教化。于是下令金童玉女，身穿五色霞衣，随着歌乐舞蹈，演奏唱到：

教化孝道有流传的经典，演奏美妙的歌曲。母亲的慈爱温暖明亮，父亲的慈爱飞扬跃动，子女都很遵循规矩。妻子柔和温婉，丈夫谦逊和敬；兄长庄重肃敬，弟弟恭顺有序，婆婆仁爱，媳妇孝顺。父亲提携子女，祖父提携孙子，对待亲人恩爱勤劳，家庭和睦昌盛，都是与父母同样的心。到处都和和乐乐。内心廉正笃厚的美好品性，是先天俱来的。欢腾普天之下亿兆人民，家家户户融合，就像都有着家人父子一样的心性。能察觉到自身和父母的存在，才会开始相信有君臣和人民。老师、弟子以及好友，都归于纯正，家国总是要靠孝道维持的。但愿人们已过世的父母，能早日飞升天庭；现在的父母，多福多禄，享有高寿。教化广布天地，之间凝聚中和祥瑞之气，有绚烂夺目的云彩、和谐柔美的音乐。云兴霞蔚的天空，融合通畅的四方，听雍和的乐声和鸣，共坐长春宫，听笙的乐声，直升玉京仙境，明达帝君的说法。

此时，乐曲和舞蹈都演奏了三遍，天龙鸾凤，音声协和，飞来集聚。多种声乐升腾上空，芬芳的鲜花环绕。文昌帝君颇为喜悦，手举如意，又一次向大众宣告：我正弘扬教义，宣扬高妙的道理，慈爱孝顺彼此感通融洽，使万物归化，扫除昏暗。大家要持这样的想法。众生都要珍视这本书，流传抄写广泛劝化。劝一人尽孝，准得五百功德。劝十人行孝，准得五千功德。自己能够谨守孝道，应该准得一万功德。孝顺地侍奉后母，准得万万个功德。父母亡故后侍奉祖先，就如同孝敬父母一样，准得万万个功德。多好啊！多好啊！仔细听我说的话。于是朱衣魁星，天聋地哑，及众位神仙，兴高采烈，欢呼雀跃，命令各位掌管经籍之官，将此记载在玉册之上，令人信服接受，并照此奉行。

原文

又赞：元皇孝道，万古心传，通天彻地妙行圆，仙佛亦同然。化度无边，中和位育全。南斗文昌元皇大道真君。

译文

又赞道：元皇帝倡导的孝道，万古以来心口相传，通彻天地妙行圆满，仙佛也都如这般。感化教度，令众人法力无边，中正平和，万物各得其所从而成长发育。南斗文昌元皇大道真君。

附录四

世范

《世范》又名《俗训》，写于南宋淳熙五年，作者袁采。本书是袁采为子孙所做的家训。作者最初将其取名为《俗训》，即明确表达了该书『厚人伦而美习俗』的宗旨。

睦亲

性格不可强求一致

原文

人之至亲，莫过于父子兄弟。而父子兄弟有不和者，父子或因于责善，兄弟或因于争财。有不因责善、争财而不和者，世人见其不和，或就其中分别是非而莫名其由。盖人之性，或宽缓，或褊急，或刚暴，或柔懦，或严重，或轻薄，或持检，或放纵，或喜闲静，或喜纷拏，或所见者小，或所见者大，所禀自是不同。父必欲子之强合于己，子之性未必然；兄必欲弟之性合于己，弟之性未必然。其性不可得而合，则其言行亦不可得而合。此父子兄弟不和之根源也。况凡临事之际，一以为是，一以为非，一以为当先，一以为当后，一以为宜急，一以为宜缓，其不齐如此。若互欲同于己，必致于争论，争论不胜，至于再三，至于十数，则不和之情自兹而启，或至于终身失欢。若悉悟此理，为父兄者通情于子弟，而不责子弟之同于己；为子弟者，仰承于父兄，而不望父兄惟己之听，则处事之际，必相和协，无乖争之患。孔子曰："事父母，几谏，见志不从，又敬不违，劳而无怨。"此圣人教人和家之要术也，宜孰思之。

译文

在人际关系里，父子、兄弟间的感情最为亲密。然而，父子、兄弟间也有关系不和睦的，父子之间，有的是因为父

父子兄弟和睦

亲对孩子的苛求和责备；兄弟之间，有的是因为彼此争夺财产。有的父子、兄弟，他们并没有求全责备、争夺家产的情况，却也不是很和睦，人们看见这种不和的情况，有人就试着从中辨别出事情的是非，却无法道出自己这种说法的理由。大概说来，人的性情有的宽厚缓和，有的狭隘焦躁，有的刚烈暴戾，有的柔和懦弱，有的庄严肃穆，有的轻佻浮薄，有的矜持收敛，有的放纵任性，有的喜欢闲适安静，有的喜欢纷繁热闹，有的人见识短浅，有的人见识渊博，每个人的性情都不一样。父亲一定要强迫子女的性格要合于自己的期许，子女的性情却未必就是自己所想；兄长一定要强迫弟弟合于自己的脾气，而弟弟的性情也未必就会这样。若人的性格无法彼此相合，则他们的言语和行为也难以相合。这就是父子、兄弟之间不能和睦相处的根本原因。况且通常在面对一件事情的时候，一方认为是对，一方认为是错；一方主张先做，一方主张后做；一方认为应尽快，一方认为应迟缓，面对事情所持的不同观点就是这样。如果彼此都想让对方和自己的想法一样，那么必然会导致争论，争论不相上下，以至于一而再、再而三的争吵，甚至上十次的争吵，不和的情绪就会由此萌生，有的甚至到了终生都失和的境地。如果世人都能领悟这个道理，做父亲和兄长的就能对子女和弟弟做到通情达理，而不苛求他们与自己相同；做子女和弟弟的就能恭敬地追随着父亲和兄长，而并不期望他们只听取自己的想法。如此一来，在处理事情的时候，父子、兄弟必定相互和协，没有乖逆、争夺的祸患。孔子说："对待父母，屡次婉言劝说，看到自己的意志不被听从，还要恭恭敬敬，不得违背父母，在做事的时候仍要没有怨恨。"这就是圣人教给世人使家庭和睦的重要方法，我们应认真思考借鉴。

鉴读

人的年龄、性格、阅历不同，做事方式也不相同。任何人都不应将自己的看法强加给他人。在家庭中、社会上，我们都应该以欣赏的眼光去看待别人，只要他人的观点、做法不为过，我们都应以宽厚的胸怀去接纳。这样，我们不但会拥有良好的人际关系，还能在他人身上学到好的东西补益自身。当然，凡事都应有度。不“强合于己”，并不意味着要去顺从、迎合别人，重要的是学会沟通，求同存异。如果我们被不良的人际关系所困扰，不妨如此试一下。

在漫长的封建社会里，“父父，子子，君君，臣臣”都有严格的界限，父为子纲，君为臣纲，不可越雷池一步。“性不可以强合”，如此开明的观点出现在宋代，足见袁采在父子家庭兄弟观念上的超前意识。

将心比心

原文

人之父子，或不思各尽其道，而互相责备者，尤启不和之渐也。若各能反思，则无事矣。为父者曰：“吾今日为人之父，盖前日尝为人之子矣。凡吾前日事亲之道，每事尽善，则为子者得于见闻，不待教诏而知效。倘吾前日事亲之道有所未善，将以责其子，得不有愧于心！”为子者曰：“吾今日为人之子，则他日亦当为人之父。今父之抚育我者如此，畀付我者如此，亦云厚矣。他日吾之待其子，不异于吾之父，则可以俯仰无愧。若或不及，非惟有负于其子，亦何颜以见其父？”然世之善为人子者，常善为人父，不能孝其亲者，常欲虐其子。此无他，

赦父子讼

贤者能自反，则无往而不善；不贤者不能自反，为人子则多怨，为人父则多暴。然则自反之说，惟贤者可以语此。

译文

在社会生活中，有的父子彼此不思考自己的义务和职责，相互责备，更加导致父子不和的情况发生。如果父子都能各自反思一下，那么就能和好无事。做父亲的应这样说：“我现在身为人父，从前也曾做过人子。大凡我从前侍奉父母的原则是每一件事都做到尽善尽美，那样做子女的就会对此有所见闻，不用等待做父亲的去教导，他们就能知道如何去对待父母了。倘若我过去侍奉父母没有尽善尽美，现在却责备孩子没有做到这些，这难道不有愧于自己的良心吗？”身为人子的应该这样说：“我今天是别人的儿子，但将来也会做别人的父亲。今日我的父亲如此尽力地抚养培育我，并且为我付出这么多心血，可以说是很深厚的父爱。将来我对待自己的子女，只有做到与我父亲待我的程度一样，才不会有愧于自己的良心。如果做不到这些，不仅有负于子女，更没有颜面面对父亲。”世上善于做儿子的人，常常也很善于做父亲；不能够孝顺其双亲的人，也常想虐待其子女。这其中没有别的道理，贤能的人能够自我反省，那么做事就会稳妥少出差错。不贤达的人不能自我反省，做儿子就多怨恨，做父亲则多暴戾。如此看来自我反省的道理，唯独贤能的人才可以议论。

鉴读

“换位思考”是如今谈论较多的话题。在与人相处时，我们应该遵循这样的原则，在家庭中亦是如此。然而，由于

血缘因素的存在，家庭关系成为了一种较为特殊的社会关系。因此，很多时候我们在与家人相处时忽略了技巧和必要的逻辑。“己所不欲，勿施于人”，将心比心，懂得了这样的道理，才会将我们的“避风港湾”装点得更为美丽，才会拥有一个更为温馨、和谐的生活氛围。

随时疏解，方为忍之高境

原文

人言居家久和者，本于能忍。然知忍而不知处忍之道，其失尤多。盖忍或有藏蓄之意。人之犯我，藏蓄而不发，不过一再而已。积之既多，其发也，如洪流之决，不可遏矣。不若随而解之，不置胸次。曰：此其不思尔。曰：此其无知尔。曰：此其失误尔。曰：此其所见者小尔。曰：此其利害宁几何。不使之入于吾心，虽日犯我者十数，亦不至形于言而见于色，然后见忍之功效为甚大，此所谓善处忍者。

译文

人们常说维持家庭长久和睦的根本，在于能够忍耐。然而只知道忍耐却不明白如何去忍耐，这样一来，过失会更多。大概忍耐或许具有一层隐忍积蓄的意思。别人冒犯了我，我积蓄而不发作，然而这样最多只能忍一两次罢了。积蓄到足够多，一旦到发泄之时，就如决口的洪水不可遏止。如果是这样，则不如将气愤随时化解，而不是搁置在心中。（同时还要学会多思考，不妨对自己）说：他这么做是因为没有深思熟虑吧；他这么做是因为不知情吧；他这么做是意外出错吧；他这么做是因为其自身见识狭窄吧；他这么做对我的利害关

治家宜重和

系又有多少影响呢？不把这些事放在心上，即使每天冒犯我有十多次，愤怒也不会在我的言语或表情上表现出来。这样以后，才可以看出忍耐的功效是何其之大，这就是所谓的善于忍耐的人。

鉴读

所谓的“忍”，不过是宽容的一种表现，当心中充满关爱，我们就不会过多地去计较一些小事。学会理解，我们就不会让自己陷入苦恼的漩涡。另外，要想使家庭关系和谐，也应学会必要的处世方法。相敬如宾，不一定适合所有家庭。矛盾就像绳结，要随时去解，不要让问题堆积成待发的火山。如此看来，随时吵吵架，并不都是坏事，不过要注意“方式”和把握好自己的情绪罢了。

骨肉至亲莫记仇

原文

骨肉之失欢，有本于至微而终至不可解者。止由失欢之后，各自负气，不肯先下尔。朝夕群居，不能无相失。相失之后，有一人能先下气，与之话言，则彼此酬复，遂如平时矣。宜深思之。

译文

骨肉之亲变得失和，往往是起源于微不足道的事，却最终发展到不可调和的地步。事态发展到这一步的原因大概是矛盾出现之后，彼此都在负气，谁也不肯最先让步吧。亲人生活在一起，朝夕相处，难免会有相互失礼的情况发生，如

亲戚和睦

果其中的一方能够率先消气，主动讲和，与对方心平气和地交谈，那么彼此的关系就能恢复到平日里和好的状态。这个道理值得深思。

鉴读

朝夕相处的骨肉至亲，因一些小事而产生矛盾，这是极为正常的。关键在于有了矛盾后，要努力加以恢复。主动把话说开，这是大度的表现，无关乎尊严。和人相处莫记仇，不仅是亲人相处，也是处理朋友、同事间的矛盾时都应做到的。

为人不可不孝

原文

人当婴孺之时，爱恋父母至切。父母于其子婴孺之时，爱念尤厚，抚育无所不至。盖由气血初分，相去未远，而婴孺之声音笑貌自能取爱于人。亦造物者设为自然之理，使之生生不穷。虽飞走微物亦然，方其子初脱胎卵之际，乳饮哺啄必极其爱。有伤其子，则护之不顾其身。然人于既长之后，分稍严而情稍疏。父母方求尽其慈，子方求尽其孝。飞走之属稍长则母子不相识认，此人之所以异于飞走也。然父母于其子幼之时，爱念抚育，有不可以言尽者。子虽终身承颜致养，极尽孝道，终不能报其少小爱念抚育之恩，况孝道有不尽者。凡人之不能尽孝道者，请观人之抚育婴孺，其情爱如何，终当自悟。亦由天地生育之道，所以及人者至广至大，而人之报天地者何在？有对虚空焚香跪拜，或召羽流斋醮上帝，则以为能报天地，果足以报其万分之一乎？况又有怨咨于天地者，皆不能反思之罪也。

译文

人在婴孩时期，对父母的爱恋之情至真至切。而父母对还是处在婴孩时期的子女，怜爱牵挂之情也很深厚，对子女的抚养教育没有什么不周到的。这大概是由于父母和子女间相连的气血刚刚分离，相差还不遥远，而且婴孩的声音和笑貌天生就能取悦人、得到人们喜爱的缘故吧。这也是造物主定下的自然规律，使世间万物得以生生不息。即使是飞禽走兽、微小的生物，同样是如此，当子女刚刚离开母体的时候，父母的哺乳喂养都蕴含着最深的怜爱。孩子受到任何伤害，父母都会不顾自身危险去加以保护。然而当孩子慢慢长大，各自的名分逐渐变得严格，感情也日渐疏远。这个时候的父母会尽力要求自己表现得慈爱，子女们也力求做到孝顺。飞禽走兽之类渐渐长大之后，母子就互相不认识，这也是人和飞禽走兽不相同的地方。然而父母在孩子幼小的时候，对孩子的怜爱抚育，是无法用语言表达出来的。子女们即使终其一生顺承父母，尽心赡养，极尽孝道，也不能报答父母从小对自己怜爱抚育的恩情，况且不是人人都能尽到孝道的。凡是那些不能尽孝道的人，请观察一下人们是怎样抚育婴孩的，（看看）当中的情感有深厚，自己最终就会醒悟。就如同天地生育万物的道理一样，这种道理在人类社会更显得至广至大，而世人是否报答过天地的恩赐呢？要么是对着上苍焚香叩拜，要么是请来方术士施法祭天，就以为这样能够报答天地，但这真能报答天地万分之一的恩赐吗？更何况还有一些埋怨指责天地的人，这些都是没有进行反思才造成的过错啊！

奉养父母

鉴读

“谁言寸草心，报得三春晖。”每一个人从呱呱坠地的一刹那起，便沐浴在父母的爱抚之下，那么这种源源不断的亲情之爱，当以什么来报答呢？只有至孝。即使至孝也只能报答得一部分恩情！然而，在如今这个快节奏的时代，繁忙的生活中，你可能很少有时间在父母身边尽孝心，更多的是给予他们物质上的满足。但父母的需要并不完全是这些，关心他们，更重要的是在心理上给予他们更多的关怀。每周至少打一个电话，有时间常回家看看，这样的要求并不高，然而你能做到吗？

父母爱子应有当

原文

人之有子，多于婴孺之时爱忘其丑。恣其所求，恣其所为，无故叫号，不知禁止，而以罪保母。陵轹同辈，不知戒约，而以咎他人。或言其不然，则曰小未可责。日渐月渍，养成其恶，此父母曲爱之过也。及其年齿渐长，爱心渐疏，微有疵失，遂成憎怒，抚其小疵以为大恶。如遇亲故，装饰巧辞，历历陈数，断然以大不孝之名加之。而其子实无他罪，此父母妄憎之过也。爱憎之私，多先于母氏，其父若不知此理，则徇其母氏之说，牢不可解。为父者须详察之。子幼必待以严，子壮无薄其爱。

译文

人们有了孩子，大多数都会在孩子还是婴孩的时候过分溺爱从而忽视了孩子的坏毛病。父母放纵孩子的各种要求，

子幼必待以严

放纵孩子的所作所为，孩子没缘由地叫喊哭号，父母不知道加以禁止，却还因此责怪看护孩子的人。孩子欺负了同辈的小孩，父母不知道约束管教自己的孩子，反而怪罪别人。有的父母虽然认识到孩子的做法不对，但又说孩子还小没必要责备。经年累月，就养成了孩子的恶习，这就是父母溺爱孩子酿成的过错。等到孩子逐渐长大，父母的宠爱心理慢慢淡去，孩子稍微犯有小错误，父母就会对其恨憎恶，大发脾气，把小错看成是大错。要是遇到亲朋故友，更加巧言令色，夸大其词，历数孩子的错误，并坚决地给孩子加上大不孝的恶名。然而孩子确实是没有其他的过错，这不过是父母妄自憎恨的过错而已。宠爱或憎恨的情感，大多是母亲最先表露出的，做父亲的如果不明白这个道理，依旧相信孩子母亲的话，认为她说的就是牢不可破的事实，（那父亲自己也犯了这一错误）。做父亲的必须仔细观察孩子的言行，在孩子小的时候一定要对其严格要求，当孩子长大了，父亲也不应减少对孩子的关爱。

鉴读

婴儿出世后简单得犹如一张白纸，最初为其着色描摹的七彩笔把握在父母的手中。父母供给他吃穿的同时也教会他如何在这个世界上生存，哪些事情应该去做，哪些事情不应该去做。孩子在不断的接受教育中走向成熟，有朝一日，推开父母的双手，大胆地投入到社会的洪流中去，从此，他也承担起了孕育下一代的光荣使命。在不断的轮回与发展中，历史给了我们一条经验：不要过分溺爱孩子。

俗语说得好，“小时不管，到大上房揭瓦。”意即当小

孩子处于可塑性阶段的时候，大人纵容他的一切，不懂得教育他哪些事能做，哪些事不能做，那么长大成人之后，他会干出令父母吃惊又无奈的事情，这时父母虽后悔却失去了约束他的能力。因此，父母要给孩子一个权衡利弊的砝码，传他为人处世的技巧，教他待人接物的方法，让他感受到其自身必须承担的责任，这不论在哪个时代都是十分重要的。

身教重于言传

原文

人有数子，无所不爱，而为兄弟则相视如仇仇，往往其子因父之意遂不礼于伯父、叔父者。殊不知己之兄弟即父之诸子，己之诸子，即他日之兄弟。我于兄弟不和，则己之诸子更相视效，能禁其不乖戾否？子不礼于伯叔父，则不孝于父亦其渐也。故欲吾之诸子和同，须以吾之处兄弟者示之。欲吾子之孝于己，须以其善事伯叔父者先之。

译文

一个人有多个儿子，对待每一个都会充满关爱，然而对待自己的兄弟，则视为仇人一般，而通常他的儿子因为受到了父亲态度的影响，于是对自己的伯父、叔父也不加礼待。这种人竟然不能明白自己的兄弟即是父亲的几个儿子，而自己的几个儿子在日后同样也会是兄弟。倘若自己对亲兄弟都不和，那么自己的几个儿子将来就会更加争相效仿，要如何阻止他们彼此暴戾不和呢？儿子对伯父、叔父不予礼待，那么日后也逐渐会对父亲不孝。所以想要让自己的儿子们和睦相处，自己必须和兄弟和睦相处，以此为榜样做给儿子看。

兄弟和睦

如果想要孩子日后能对自己尽孝，首先必须让他们好好对待伯父、叔父们。

鉴读

《世说新语·德行篇》中有一段文字：“谢公夫人教儿，问太傅：‘那得初不见君教儿？’答曰：‘我自教儿。’”这个故事是说谢公的夫人在教导儿子时，追问太傅谢安为什么从来不见他教导儿子，谢安回答说他是以自身言行来教导儿子的。

诚然，身教重于言传。父母是孩子最有影响力的老师，一个人如果自己没有德行，却用德行来教育子女，这往往起不到任何作用。有其父，必有其子，希望我们的父母在教育孩子时能找到一条最有效的办法。

亲戚不宜多借债

原文

房族、亲戚、邻居，其贫者才有所阙，必请假焉。虽米、盐、酒、醋，计钱不多，然朝夕频频，令人厌烦。如假借衣服、器用，既为损污，又因以质钱。借之者历历在心，日望其偿；其借者非惟不偿，以行行常自若，且语人曰：“我未尝有纤毫假贷于他。”此言一达，岂不招怨怒。

译文

一个宗族里，诸多亲戚当中，或者众邻居里，总是会有一些生活穷困、经济拮据的人，他们一旦缺少日用，肯定会去别家求借。虽然米、盐、酒、醋之类的物品值钱不多，但若是早晚频繁（借用），就会使人觉得厌烦。如果借的是衣服、器皿之类的物品，既容易遭受污损，又可能会被拿去当钱。东西一旦借出去，物主便会时时记在心上，每日盼望对方及时归还；如果向人借了东西，不但不及时偿还，反而看上去若无其事、毫不在乎的样子，并且对人说："我未曾向他借过一针一线。"这话如果传到物主耳朵里，岂不招致物主的怨恨！

鉴读

亲者，近也。戚者，忧也。"亲戚"最初的意思便是能与自己一起同甘共苦的亲近之人。然而，再近的亲戚交往也要有度。如果自己因贫困需常假借求助于他人，及至他人有事，自己却无钱无力，则此种交情，绝不可持久。自古就有"亲戚不交财，交财两不来"的说法。亲戚之间如果钱财来往过多，便有了利益之争，如果处理不得当，便最终连陌生人都不如。袁氏此段议论，深契常人之性，可谓中肯之至。

婚配需般配

原文

有男虽欲择妇，有女虽欲择婿，又须自量我家子女如何。如我子愚痴庸下，若娶美妇，岂特不和，或有他事；如我女丑拙狠妒，若嫁美婿，万一不和，卒为其弃出者有之。凡嫁娶因非偶而不和者，父母不审之罪也。

译文

家里有男孩想要娶媳妇，女孩要选女婿，身为父母得揣

嫁娶需般配

度一下自家的子女条件怎么样。如果自己的儿子愚笨平庸，却娶了一个貌美的媳妇，不但夫妻会不和，甚至会发生其他事情；如果自己的女儿丑陋笨拙又凶悍爱吃醋，却嫁给一个好女婿，万一夫妻不和，最终会被人抛弃。大凡男女结婚后，因为双方不般配而使得婚姻不和美的，都要归罪于父母事先没有审度清楚。

鉴读

门第观念带有很强的封建色彩，这于今天早已过时。婚嫁讲究门当户对，该观念也已被今人所摒弃。但如果从最现实的角度思考，婚配的双方需要条件大体相当，也的确有几分道理。假如婚配的双方，经历、思想截然不同，在家庭生活中两人就很难和睦。黛安娜与查尔斯王子的悲剧，根源不在于两人出身门第的悬殊而在于门第出身造成的二人思想的差距。由此看来，嫁入豪门和迎娶佳妻时都需要慎重考虑，彼此仍需多交往磨合。

收养亲戚当令无后患

原文

人之姑、姨、姊、妹及亲戚妇人，年老而子孙不肖，不能供养者，不可不收养。然又须关防，恐其身故之后，其不肖子孙却妄经官司，称其人因饥寒而死，或称其人有遗下囊箧之物。官中受其牒，必为追证，不免有扰。须于生前令白之于众，质之于官，称身外无余物，则免他患。大抵要为高义之事，须令无后患。

收养亲戚

译文

人的姑母、姨母、姐姐、妹妹等女性亲属中，有的年老而子孙又不孝顺，从而得不到赡养的，不能不收容并供养她。但又应谨慎，担心她过世后，她的那些不孝顺的子孙无理纠缠而跟你打官司，说被你收养的人是因为没有受到起码的待遇，受饥挨饿死去的，或者说死者遗留下来的财物被你侵占。官府接到诉状，必定会追查取证，难免会扰乱自己和家人的生活。所以，必须让自己收养的老人在生前就向大家说清楚情况，并备案于官府，道明老人并没有钱财，以免今后招来祸患。一般来说，要做一些高风亮节的事，必须先把方方面面都弄清楚，免得留下后患。

鉴读

在社会福利保障体系还不完善的情况下，这的确是一个引人深思的问题。然而我们又绝对不可因为怕将自己陷入纠纷中，而放弃为“高义之事”，放弃自己的原则。最好的办法是用法律来解决问题，在收养亲戚时要得法，而绝对不是置之不顾。“大抵要为高义之事，须令无后患”，从现实角度看，袁采的思虑可谓周密。

遗嘱宜预为

原文

父祖有虑子孙争讼者，常欲预为遗嘱之文，而不知风烛不常，因循不决，至于疾病危笃，虽心中尚了然，而口不能言，手不能动，饮恨而死者多矣。况有神识昏乱者乎！

遇事先谋则无祸

译文

有些做父亲或祖父的人，担心自己去世后子孙会因为财产继承问题发生争执，就要预先立下遗嘱。而一些人不知道祸福无常，就常常犹豫不决，等到疾病发作，身体病重之时，虽然心中很明白，但已经口不能言，手不能动，最后含恨死去，这样的情况太多了。何况有人在临终前就已经神志不清了，这就更加立不成遗嘱了。

鉴读

凡事都应提前谋划，以防有变。三国时刘表在考虑接班人时犹豫不决，病危而遗嘱未立。蔡夫人与蔡瑁、张允商议，假写遗嘱，令表幼子刘琮为荆州之主。后曹操趁机引大军来攻荆州，蔡夫人又怕刘备及刘表长子刘琦兴兵问罪，决意献荆襄九郡与曹操，遂引起荆州大乱。“凡事预则立，不预则废”，由此看来，袁采此语可为立世之言。

处己

长学问，需循序渐进

原文

人之智识固有高下，又有高下殊绝者。高之见下，如登高望远，无不尽见；下之视高，如在墙外欲窥墙里。若高下相去差近犹可与语；若相去远甚，不如勿告，徒费口颊舌尔。譬如弈棋，若高低止较三五着，尚可对弈，国手与未识筹局之人对弈，果何如哉？

奕棋图

译文

人与人的知识水平和认知能力肯定会有高低的区别，并且有的水平相差悬殊。水平高的人看水平低的，就比如登高望远，将景物尽收眼底；水平低的人看水平高的，就像在墙外的人想窥测墙里的世界，却什么也没看见。如果水平高低相差不大，还可以相互交流，如果二者相差很远，那就不如不要对话，免得白费口舌。就像下棋，如果双方的水平只差三五着，还可以相互博弈。但如果让国手和一个连棋局都看不明白的人下棋，结果会是什么样的呢？

鉴读

人的智商差别并不大，知识与见识，主要来自后天的教育学习。所有的人只要肯学习，都会掌握一技之长，找到适合他做的事情。在这里袁采关于先天之“智”的论述并不准确。但文中的“对奕”说，颇有些道理：学习和工作不可好高骛远，要找相当的对手，要循序渐进，以免造成资源浪费。

富贵不骄横

原文

富贵乃命分偶然，岂宜以此骄傲乡曲！若本自贫窭，身致富厚，本自寒素，身致通显，此虽人之所谓贤，亦不可以此取尤于乡曲。若因父祖之遗资而坐享肥浓，因父祖之保任而驯致通显，此何以异于常人！其间有欲以此骄傲乡曲，不亦羞而可怜哉！

译文

富贵是命运偶然安排的结果，岂能因为自身富贵就在家乡骄傲自大！如果生来贫穷，后来发家致富；本来出身低微，后来身居显位，这类人虽然在人们看来很有才干，但也不能因此就在家乡张扬炫耀。如果凭借祖上的遗产而坐享奢华的生活，依靠父辈、祖辈的保举而获得高官，这和普通人又有什么分别？这些人当中有人想凭上辈的财富在乡里炫耀，这种做法是令人感到羞耻的，而且是令人感到可怜的。

鉴读

挫折和坦途是每个人人生之旅中都会遇到的。真正令人钦佩的是那些顺境不沾沾自喜、逆境不消沉的人。然而，在我们身边许多人能做到败不馁，却做不到胜不骄。那些凭着自己的显达而到处招摇的人更是让人气愤至极。这样的人不论在哪个时代都是存在的。奉劝他们要仔细斟酌“弓满则折，月满则缺”的道理。

礼不可因人而异

原文

世有无知之人，不能一概礼待乡曲。而因人之富贵贫贱设为高下等级。见有资财有官职者则礼恭而心敬。资财愈多，官职愈高，则恭敬又加焉。至视贫者，贱者，则礼傲而心慢，曾不少顾恤。殊不知彼之富贵，非吾之荣，彼之贫贱，非我之辱，何用高下分别如此！长厚有识君子必不然也。

待人不卑不亢

译文

世上有些无知的人，对父老乡亲不能一视同仁，同等对待，而是根据人们的富贵贫贱划分他们在自己心中的高低等级，遇见有钱又当官的人就毕恭毕敬。钱财越多，官位越高，就越是恭敬有加。而见到贫穷的、地位卑微的人，就表现得傲慢无礼，几乎不怎么体恤关照他们。殊不知，他人的富贵，并非自己的富贵，他人的贫贱，并非自己的耻辱，为什么要对他们如此区别对待呢！品德深厚、明于事理的君子不会这样。

鉴读

与人交往要有原则，对比自己强的人不阿谀奉承，和处境不如自己的人打交道也不居高傲慢。所谓的“不卑不亢”，并不只是一种仪表要求，而应该是一种处世原则。因为每个人情况都会有变化，我们自己有时也会陷入困境，你想要别人以什么样的方式对待你，你就要那样对待他人。

随遇而安乃为福

原文

人生世间，自有知识以来，即有忧患如意事。小儿叫号，皆其意有不平。自幼至少至壮至老，如意之事常少，不如意之事常多。虽大富贵之人，天下之所仰羡以为神仙，而其不如意处各自有之，与贫贱人无异，特所忧虑之事异尔。故谓之缺陷世界，以人生世间无足心满意者。能达此理而顺受之，则可少安。

译文

人生在世，自从有了智慧和认识，各种忧虑和不称心的事就出现了。小孩哭喊，都是因为他的要求没有得到满足。从幼年到少年到壮年到老年，称心如意的事通常很少，不顺心的事却很多。即使是富贵显赫的人，虽然受到天下人的羡慕，被认为过着神仙般的逍遥日子。然而这些人也和穷人们一样，处处都有不如意的事，只是他们所忧虑的事情跟常人不一样而已。因而我们称这个世界为缺陷世界，人在这个世上没有谁能事事美满称心。能通晓这个道理并安然对待人生的烦恼，心里就能舒畅一些。

鉴读

更多时候，随遇而安是一种圆融的人生境界，是一个人历经沧桑后返璞归真的选择。当人年轻气盛时，每每遇到拂意之事，大多捶胸顿足、消沉颓废，甚至痛不欲生。然而即使是把眼泪哭干，事情终需想办法解决，而且每件事都需要一步步慢慢解决。况且我们自身能力的由来是一个脚踏实地积累的过程。好多时候，不“顺受之”，也只会徒增烦恼。由此看来，面对困境，努力而又随遇而安是一种最为明智的选择。

先天不足，后天补之

原文

人之德性出于天资者，各有所偏。君子知其有所偏，故以其所习为而补之，则为全德之人。常人不自知其偏，以其所偏而直情径行，故多失。《书》言九德，所谓宽、柔、愿、乱、扰、直、简、刚、强者，天资也；所谓栗、立、恭、敬、毅、温、廉、塞、义者，习为也。此圣贤之所以为圣贤也。后世有以性急而佩韦、性缓而佩弦者，亦近此类。虽然，己之所谓偏者，苦不自觉，须询之他人乃知。

译文

人的品性出于天生，每个人都有所不足。有见识的人知道自己的修养有所欠缺，所以凭借努力学习来加以弥补，从而成为一个具有完美品德的人。普通人不能察觉自身的不足之处，并因为这种不足率性而为、任意行事，所以多有过失。《尚书》中提到了九种品德，即“宽、柔、愿、乱、扰、直、简、刚、强”，这些是天生的；而“栗、立、恭、敬、毅、温、廉、塞、义”，这些则是需要通过学习养成的。这就是圣贤用天生与后天学习得来的品行成为圣贤的原因。后世有一些性情急躁的人佩带韦皮，性情迟缓的人则佩带绷紧的弓弦，也是类似的例子。即使有人这样做，但还是有很多人因难以发现自己的不足从而十分苦恼，这就必须向他人询问才能得知。

鉴读

《论语》中有这样一个故事。子路问：“闻斯行诸？”子曰：“有父兄在，如之何闻斯行之？”冉有问：“闻斯行诸？”子曰：“闻斯行之。”公西华曰：“由也问闻斯行诸，子曰有父兄在。求也问闻斯行诸，子曰闻斯行之。赤也惑，敢问。”子曰：“求也退，故进之；由也兼人，故退之。”意思是：子路和冉有都问孔子，“听到一件事，是否就可以立即去做”，而孔子给二人的答案截然不同，原因是冉求做事总是退缩向后，所以孔子要鼓励他去做；而仲由胆子大、有时很鲁莽，所以孔子要压压他。诚然，要想让自身有更大发展，就要不断克服缺点，而要这样做的第一步就是要不断发现自己的缺点。但这实际做起来并不容易，讳疾忌医的人不少，况且主动以自己的缺点“询他人”，更不是每个人都能做到的。

学以补缺

各有所长

原文

人之性行虽有所短，必有所长。与人交游，若常见其短，而不见其长，则时日不可同处；若常念其长，而不顾其短，虽终身与之交游可也。

译文

人的品性、德行虽然会有短处，可也一定会有长处。与人交往时，如果只是时常看见别人的短处，而忽视了他的长处，那么一刻都很难和人相处。如果常想着别人的长处，而不在乎他的短处，那么即使是跟人交往一辈子也能友好相处。

鉴读

与人交往，最重要的是宽容。每个人都有缺点，如果总是盯着别人的缺点不放，就容易与人产生矛盾、出现争执。更重要的是，我们并不能按自己的意志去改变他人，如果苛求别人与自己相同，最终只能让自己心情恶劣。因此，多看别人长处，是我们处世时首先要学会的本领。

慢心、伪心、妒心、疑心不可存

原文

处己接物，而常怀慢心、伪心、妒心、疑心者，皆自取轻辱于人，盛德君子所不为也。慢心之人自不如人，而好轻薄人。见敌己以下之人，及有求于我者，面前既不加礼，背后又窃讥笑。若能回省其身，则愧汗浃背矣。伪心之人言语

君子以和处众

委曲，若甚相厚，而中心乃大不然。一时之间人所信慕，用之再三则踪迹露见，为人所唾去矣。妒心之人常欲我之高出于人，故闻有称道人之美者，则忿然不平，以为不然；闻人有不如人者，则欣然笑快，此何加损于人，只厚怨耳。疑心之人，人之出言，未尝有心，而反复思绎曰："此讥我何事？此笑我何事？"则与人缔怨，常萌于此。贤者闻人讥笑，若不闻焉，此岂不省事！

译文

若处世接物时，如果总是心怀傲慢、虚伪、嫉妒、怀疑的情绪，那这便是在人面前讨取轻视和侮辱，这种行为品德高尚的君子是不会做的。内心傲慢的人，自身的德行比不过别人，却喜欢轻视别人。碰上地位比自己低又有求于己的人，不但当面不以礼相待，更会暗地里取笑他人。这种人如果能退一步反省一下自己，就会惭愧得汗流浃背了吧。内心虚伪的人说话委婉动人，表面看起来很厚道，其实内心完全不是这样。这种人短时间内还能受人们敬仰，但是和他来往得多了，他的行迹和本性就暴露无遗，最终会遭人唾弃。嫉妒心强的人常常想着自己要高出别人，所以当听到有人称赞别人时，心中就愤愤不平，认定这种赞美是不对的；听到别人有不如人的地方，就欣然自乐，这样对他人又能造成什么损害呢，只会使他人对自己的怨恨更深罢了。疑心重的人，听到别人随口说的话也会在心里反复思量："他到底是讽刺我什么事？到底在嘲笑我什么？"这种人容易与人结怨，也是由此引起的。贤者即使听到别人对自己的嘲讽，也像没听见一样，这样岂不是省去了很多烦恼！

鉴读

真诚是待人接物最起码的准则。只有以诚待人，才能得到他人的友爱。慢心、伪心、妒心、疑心，是人际交往之大碍。即使在权术之争中，这四者也常致人失误、失败。如《三国演义》中，怀慢心之孙权失庞统，怀疑心之曹操杀伯奢，怀伪心之刘备摔阿斗，而怀妒心之袁术、周瑜均各为天下人所笑。在凡事讲究技巧的现代社会中，五花八门的处世哲学使我们不知所措，孰不知最好的也是最可行的处世方法就是真诚待人。今天，在我们繁忙的生活中，真诚、坦率，似乎能让我们更直接地解决问题，提高我们的办事效率。

忠、信、笃、敬

原文

言忠信，行笃敬，乃圣人教人取重于乡曲之术。盖财物交加，不损人而益己，患难之际，不妨人而利己，所谓忠也。不所许诺。纤毫必偿，有所期约，时刻不易，所谓信也。处事近厚，处心诚实，所谓笃也。礼貌卑下，言辞谦恭，所谓敬也。若能行此，非惟取重于乡曲，则亦无入而不自得。然敬之一事，于己无损，世人颇能行之，而矫饰假伪，其中心则轻薄，是能敬而不能笃者，君子指为谀佞，乡人久亦不归重也。

译文

说话要忠诚守信，行动要厚道恭敬，这是圣人教给人们如何在乡里之间取得他人尊重的方法。这大概就是要求在财物方面，不做损人利己的事；在危难时刻，不做妨害别人而

君子取信于民

利于自己的事，这就是人们所说的“忠”。但凡承诺过别人，就是丝毫的小事，也一定要有结果；但凡与人相约，一时一刻也不能延误，这就是人们所说的“信”。待人接物要热情厚道，内心真诚实在，这就是人们所说的“笃”。恭敬礼貌，言语谦逊，这就是人们所说的“敬”。如果能做到“言忠信，行笃敬”，不但能够得到乡亲的尊敬，而且做什么事都会很顺利。可是待人恭敬一事，由于对自己毫无损失，所以世人大多还能做到。可是如果虚伪造作，故意装饰，看似待人诚恳，心中却很轻视鄙薄，这就是能“敬”而不能“笃”了，这种人在君子看来就是谄佞之徒，日子一长，乡亲们也不会再敬重他。

鉴读

做事讲诚信，做人要表里如一。无论在哪个时代，这都是做人最起码的原则。一些人自以为聪明，做事投机取巧，为了达到自己的目的而损害他人利益。还有一些人十分善于伪装，人前一套，背后一套。这样的人很少能交到知心朋友，终有一天会被世人揭穿。在如今这个品质和实力并重的时代，相信袁采提倡的“忠、信、笃、敬”，能最终成为我们为人处世的信条。

严于律己，宽以待人

原文

忠、信、笃、敬，先存其在己者，然后望其在人。如在己者未尽，而以责人，人亦以此责我矣。今世之人能自省其忠、信、笃、敬者盖寡，能责人以忠、信、笃、敬者皆然也。虽然，在我者既尽，在人者也不必深责。今有人能尽其在我者固善矣，乃欲责人之似己，一或不满吾意，则疾之已甚，亦非有容德者，只益贻怨于人耳！

译文

忠诚、守信、厚道、恭敬的品德，自己首先应具备，然后才可能希望他人也具有。如果这些品德自己还没有完全具备，却还以此来苛求和责备别人，那别人也会以此来责怪你。如今能反省自己是否做到了待人忠诚、有信、厚道、恭敬的人，大概已经很少了，但以此来苛求别人的人却到处都是。纵然自己在为人处世时做到了这些，也没有必要强求别人做到这样。现在有人能够尽力让自己做到这些，确实是很好的。可是他想让人也跟自己一样，一旦不称他的心意，就严厉地责备别人。这种不具有包容之心的人，只会更容易和别人结怨。

鉴读

我们经常抱怨人心不古，责怨他人对自己不近人情，却很少有人能认真反省自己。如果每个人都一味要求别人，只知索取不知付出，那么不管我们的物质生活多么富有，都依然难以体会到幸福。其实，与人相处也如同耕种，如果想得到别人的关爱，首先自己必须播下爱的种子。在这个世界上没有人应该为你无条件付出，你对别人好，别人才会对你好。

近君子远小人

原文

人之平居，欲近君子而远小人者。君子之言，多长厚端谨，此言先入于吾心，乃吾之临事，自然出于长厚端谨矣；小人之言多刻薄浮华，此言先入于吾心，及吾之临事，自然出于刻薄浮华矣。且如朝夕闻人尚气好凌人之言，吾亦将尚气好凌人而不觉矣；朝夕闻人游荡不事绳检之言，吾亦将游荡不事绳检而不觉矣。如此非一端，非大有定力，必不免渐染之患也。

译文

在日常生活中，人们都愿意亲近君子而远离小人。这是因为君子的言论，大多敦厚端严谨，有长者风度。如果先把君子的这些言论铭记于心，等自己面临事情时，也自然而然会表现出敦厚严谨的长者风度；小人的言论大多刻薄浮夸，如果这种言论首先进入心中的话，自己遇事时，自然而然地会有刻薄浮夸的论调。就比如自己早晚听到人们说的都是一些气势凌人的话，我也就变得气势凌人却不自觉；早晚听到那些游荡之徒目无法纪的言论，我也变得放任不羁、不顾法纪，却还不自知。类似的情况很多，如果没有坚强的自控力，必然免不了逐渐沾染上不好的习性。

鉴读

常言道，看一个人如何，可以先看他的朋友。“近朱则赤，近墨者黑。”此言一点儿不假，与君子为伍，便有君子之风，与小人为伍，便有小人之气。正如现在一句比较流行的话所言，和比你优秀的人在一起，你才会变得更为优秀！而这里的“优秀”与否，并不仅仅以其成就而定，还包含着许多内在的东西，而在这其中品行是第一位的。

近君子远小人

老成之人更事多

原文

老成之人，言有迂阔，而更事为多。后生虽天资聪明，而见识终有不及。后生例以老成为迂阔，凡其身试见效之言欲以训后生者，后生厌听而毁诋者多矣。及后生年齿渐长，历事渐多，方悟老成之言可以佩服，然已在险阻艰难备尝之后矣。

译文

年老的人说的话有时很迂腐且不合现实，可他们经历的事情更多，人生阅历更为丰富。年轻人即使天资聪敏，但在阅历上还是不及长辈。年轻人总认为老年人的言论迂腐、脱离实际，但凡老年人用自己的亲身经历来对年轻人进行谆谆教诲时，年轻人大多很厌烦甚至还要诋毁老年人，他们不知道这些话都是老年人验证过的。等到年轻人年龄渐长，经历的世事逐渐多起来之后，他们才感悟到老人之言是多么值得佩服，然而能感悟到这一点，早已是在饱尝艰辛之后了。

鉴读

人生如书。人经历得越多，书中记载着的东西也越多。酸甜苦辣、成功与失败、经验与教训，都让我们的书越来越厚重起来。年轻人要多与老年人交谈，这就如同在读一本实用的书。老人丰富的人生阅历是一笔财富，许多时候老人的教诲可以使我们少走许多弯路。虽然有时因为时代的发展，老人的言辞不免有保守之处，但我们要能“择其善者而改之”，

这是十分必要的。人们常说的“不听老人言，吃亏在眼前”，还是颇有几分道理的。

君子有过必改

原文

圣贤犹不能无过，况人非圣贤，安得每事尽善？人有过失，非其父兄，孰肯诲责；非其契爱，孰肯谏谕。泛然相识，不过背后窃讥之耳。君子惟恐有过，密访人之有言，求谢而思改。小人闻人之有言，则好为强辩，至绝往来，或起争讼者有矣。

译文

圣贤之人尚且会犯错误，何况并非人人都是圣贤，又怎么能够每件事都做到尽善尽美呢？人犯了错误，若不是他的父亲兄长，谁会去教导指责他呢？若不是他亲密无间的朋友，谁会去规谏劝说他呢？一般相识的人，不过是在背地里讥笑他罢了。品德高尚的人唯恐自己有过错，便秘密察访他人对自己的议论，请求他人的原谅并加以改正。品德低下的小人听到他人议论自己，就爱强作辩解，以至于跟人断绝来往，更有甚者还为此打上官司。

鉴读

俗语说：“人非圣贤，孰能无过。”犯了错误不要紧，关键是看一个人对待错误的态度。有的人“闻过则喜”，知错就改，有的人则听不得他人意见，不知悔改。与刘邦争势，项羽屡次失误，却又每每对范增的进谏不予理睬，刚愎自用

负荆请罪

的性格注定了他最后乌江自刎的结局。遍观古今，凡是能成就一番事业的人，往往都能知错必改，而那些不知悔改的人，往往注定要成为失败者。

少言为佳

原文

言语简寡，在我，可以少悔；在人，可以少怨。

译文

寡言少语，这对自己来说，可以减少因为言辞不当而造成的后悔；对别人来说，可以减少他们对我的怨恨。

鉴读

俗语说："病从口入，祸从口出。"在日常生活中，因为说话不当产生矛盾的事，可能我们每个人都亲身经历过。古往今来，许多人都把"少说为佳"作为自己立身行事的一条原则。唐朝诗人刘禹锡的《口兵诫》说："我诫于口，惟心之门。毋为我兵，当为我藩。以慎为键，以忍为阖。可以多食，毋以多言。"可见人们对言多语失是何等的慎诫。时至今日，我们虽然不再崇尚"沉默是金"的信条，但某些场合，还宜少言。

非议不足畏

原文

人有出言至善，而或有议之者；人有举事至当，而或有非之者。盖众心难一，众口难齐如此。君子之出言举事，苟揆之吾心，稽之古训，询之贤者，于理无碍，则纷纷之言皆不足恤，亦不必辨。自古圣贤，当代宰辅，一时守令，皆不能免，居乡曲，同为编氓，尤其无所畏，或轻议己，亦何怪焉？大抵指是为非，必妨忌之人，及素有仇怨者，此曹何足以定公论，正当勿恤勿辩也。

译文

一个人说出的话极为善良得体，但是还会有人指责他；一个人做事极为稳妥，但是还会有人对他发难。这是因为众人的想法难以一致，众人的议论无法整齐如一。修为高尚的人说话办事时，如果能用心去揣度、参照先贤的遗训，又请教于当世的贤人，这样说出来的话、做出来的事就能合乎道理，别人加在我身上的纷纷议论我都不会担忧，我也不必为自身辩解。从古代的圣贤，到当代的丞相首辅，乃至暂时为官的太守县令，都不能避免被人议论，更何况居住在乡井之中的普通人，同样是平民百姓，就更应该不担心别人对自己的议论了。有些人会轻易地议论自己，但又有什么好埋怨的呢？大致说来，一个人把对的说成错的，一定是因为妒忌别人，或者是平日就和别人有仇怨，这种人说的话怎么能定为公论呢？对于这类人的话，应当不必忧虑、不予辩解。

鉴读

社会上总是有那么一小部分人爱非议别人。一种是出于妒忌，看到别人取得了成就，超过了自己，就妒火中烧，非要从别人身上挑出毛病来，加以夸张渲染。有的甚至无中生有，造出许多谣言来中伤他人，目的无非是造成对别人不利

浮言不足恤

的社会舆论，从而使自己获得某种心理平衡。一种是和别人结有怨恨，出于报复的心理，拨弄出一些流言蜚语贬损别人的人格，降低别人的声誉。这样的人无论哪个时代都会存在，让人防不胜防。袁采看得很透彻，“浮言不足恤”，对于那些流言蜚语，我们不必去忧虑它。以一种“置若罔闻”的态度来对待它，是再合适不过了。“走自己的路让别人去说吧”，只要我们靠实力证明了自己，浮言自会消散。

奉承之言多奸诈

原文

人有善诵我之美，使我喜闻而不觉其谀者，小人之最奸黠者也。彼其面谀吾而吾喜，及其退与他人语，未必不窃笑我为他所愚也。人有善揣人意之所向，先发其端，导而迎之，使人喜其言与己暗合者，亦小人之最奸黠者也。彼其揣我意而果合，及其退与他人语，又未必不窃笑我为他所料也。此虽大贤，亦甘受其侮而不悟，奈何？

译文

有人善于当面称赞我的好处，让我听到他说的话很高兴而不会觉得他是在阿谀奉承，这种人是最为奸诈狡黠的小人。他当面讨好我令我高兴，等他离开和别人说起这件事，说不定就会偷偷嘲笑我被他愚弄了。有人善于揣摩别人的意趣所向，率先谈起这样的话题，诱导并且迎合别人的心意，使别人很高兴此人的言论和自己的所想暗相契合，这也是小人中最奸邪狡黠的一种。他揣摩了我的心意且确实很相合，等他离开和别人说起这件事，未必就不会偷偷嘲笑我的心意被他

诵人之美

猜测到。即使是大德大贤之人，也甘愿受这些小人的欺侮而不醒悟，能怎么办呢？

鉴读

奉承话之所以让人爱听，在于它投其所好；奉承话之毁人，在于它为了投其所好而混淆是非。善意的谎言出于善良和关爱，能让人看到希望，当然无可厚非。由此看来，“诵我之美”有两种情况，一种是善意的，一种是别有用心的。每天我们都可能听到许多称赞自己的话语，但是否是别人发自肺腑的赞美就需要我们自己来分辨了。

凡事不可过分

原文

人有詈人而人不答者，人必有所容也。不可以为人之畏我，而更求以辱之。为之不已，人或起而我应，恐口噤而不能出言矣。人有讼人而人不校者，人必有所处也。不可以为人之畏我，而更求以攻之。为之不已，人或出而我辨，恐理亏而不能逃罪也。

译文

受到别人的辱骂而不加理会，这个人的涵养一定很高。我们不能认为这是别人的惧怕，而更加欺侮人。如果无休止地这样做，别人就可能会起来反击我们，那时我们恐怕都闭口说不出话了。跟人争论，而别人却不计较，这说明别人必定有他的考虑。我们不要以为这是别人畏惧我们，而更加攻击别人。无休止地这样做，人家若站出来跟我们辩论，我们恐怕就理亏而难逃罪过了。

鉴读

世上往往有那么一种修养品性极差的人，喜欢得寸进尺，侮慢了别人，别人不予理睬，他不知这是人家对他的包容，反倒认为别人害怕他，更加嚣张。可是人的容忍毕竟是有限度的，激怒了人家，难免要自讨苦吃。由此来说，凡事都不可以过分。从另外一个角度看，我们和别人相处要多考虑他人的感受，这样才不至于做出过分之事。

盛怒之下切记言语慎重

原文

亲戚故旧，人情厚密之时，不可尽以密私之事语之，恐一旦失欢，则前日所言，皆他人所凭以为争讼之资。至有失欢之时，不可尽以切实之语加之，恐忿气既平之后，或与之通好结亲，则前言可愧。大抵忿怒之际，最不可指其隐讳之事，而暴其父祖之恶。吾之一时怒气所激，必欲指其切实而言之，不知彼之怨恨深入骨髓。古人谓“伤人之言，深于矛戟”是也。俗亦谓“打人莫打膝，道人莫道实”。

译文

对于亲戚或是故交，即使是在彼此情感很深厚密切的时候，也不要把自己的秘密全部告诉他们。一旦双方关系变坏，那么他们就会把你的秘密都拿来当做争讼的资本。在跟人关系恶化的时候，也不能尽用太苛刻的语言数落人家，要考虑到等怒火平息了之后，或许还要和他重归旧好，甚至结为亲

盛怒之下，言语慎重

戚，到那时就会对以前说的话感到惭愧。一般说来，在发怒之时，最不能说的就是别人的隐秘之事，也不能揭露别人祖父辈的罪恶。我们被一时之怒所驱动，一定要揭露别人的薄弱处来攻击人家，殊不知别人从此对自己恨入骨髓。古人说："中伤人的恶毒之言，其厉害程度甚于长矛剑戟"，说得对啊！俗话也说："打人莫打膝，说人莫揭短。"

鉴读

人与人之间的矛盾，许多时候是由于说话不当引起的。朋友之间一旦翻脸，盛怒之下很容易不计后果，攻击对方的短处。如果从此绝交，对方可能把你的话牢记在心，气量大度些的，倒也罢了，气量小的，耿耿于怀，总要伺机报复。如果双方怒火平息，又言笑如初，恐怕你就会后悔当时不该说那样尖酸刻薄的话。夫妻双方争吵也是这样，天下没有不争吵的夫妻，然而吵了架就分手的毕竟是少数，绝大多数吵过之后，还要接着过日子，所以双方处在气头上时，千万不可一时沉不住气，说话失去分寸，揭露对方短处或是专捡对方不爱听的话刺激他，这样做难免要伤害对方感情，不利于婚姻的稳定。许多年轻人，结婚时恩恩爱爱，但因为一些小事，争吵时互不相让，说话不顾后果，时间长了，难免要伤感情，严重的甚至最后分道扬镳。可见，盛怒之下说话不加考虑，危害是很深的。

与人言语当平心静气

原文

亲戚故旧，因言语而失欢者，未必其言语之伤人，多是颜色辞气暴厉，能激人之怒。且如谏人之短，语虽切直，而能温颜下气，纵不见听，亦未必怒。若平常言语，无伤人处，而词色俱厉，纵不见怒，亦须怀疑。古人谓“怒于室者色于市”，方其有怒，与他人言，必不卑逊。他人不知所自，安得不怪！故盛怒之际与人言语尤当自警。前辈有言：“诫酒后语，忌食时嗔，忍难耐事，顺自强人。”常能持此，最得便宜。

译文

亲戚或是故交，因为说话而导致交情破裂的，未必是因为说出的话很伤人，大多是由于脸色、言辞、脾气太过暴躁凌厉，激起别人的愤怒造成的。比如劝诫别人的缺点，虽然言语恳切率直，但脸色和语气却很温和，即便不被人听取，也不至于惹人发怒。说的话和平时一样，没有什么伤人的地方，然而话语、声色都很严厉，即使对方没生气，也会心生怀疑。古人说：“在家里生了气，出了门还是面有怒色。”一个人怒气当头时，和别人说话，一定不会谦逊。别人不知道其中的原因，怎么能不埋怨呢！因此在极为愤怒的情形下和别人说话尤其应该注意（不要伤到别人）。前辈们曾说过：“喝酒后戒说话，吃饭时忌生气，强忍难忍之事，顺着自以为是之人。”能时常坚持这样做，对自己是有益处的。

鉴读

谈话也是门艺术，有些话从某些人嘴里说出，亲切婉转，使人如沐春风；而同样的内容从另一些人嘴里说出，就暴戾生硬，让人难以接受。由此看来，要想拥有良好的人际关系，不可不研究说话艺术。尤其是劝说别人，更要注重分寸，讲

与人言语，平心静气

究方式，要尽量做到和颜悦色、循循善诱，动之以情、晓之以理，这样才更容易达到劝说的目的。

对待老人让三分

原文

高年之人，乡曲所当敬者，以其近于亲也。然乡曲有年高而德薄者，谓刑罚不加于己，轻詈辱人，不知愧耻。君子所当优容而不较也。

译文

年老之人，在乡里应该受到尊敬，因为他们和自己的父母最亲近。然而乡里也有年长但德行修养不够的人，认为刑罚不会施加在自己身上，于是就随便辱骂别人，不知道羞愧廉耻。君子对这样的人也应该宽容，不要和他们计较。

鉴读

尊老爱幼是我们的优良传统，对老人谦让也体现了一个人最起码的素质。另外，人由于长期操劳，步入老年后身体会变得虚弱易生病，而且，很多老年人年龄越大，脾气性格越接近孩童。因此，若和年老之人之间出现矛盾，如果不关乎原则问题，应退让一些，以免惹出大的麻烦。

与人交游当有分寸

原文

与人交游，无问高下，须常和易，不可妄自尊大，修饰

与人交游当有分寸

边幅。若言行崖异，则人岂复相近！然又不可太亵狎，樽酒会聚之际，固当歌笑尽欢，恐嘲讥中触人讳忌，则忿争兴焉。

译文

和人交往，不论对方身份高低，态度都一定要平易温和，不能妄自尊大，要穿着整洁。如果言谈举止都表现得自己高高在上，那谁还愿接近你！可是，又不能跟人太过亲昵。喝酒聚会的时候，自然要纵声高歌，尽情欢乐，但也应考虑到在说笑中可能会触犯到别人忌讳的事，这样就要发生争执了。

鉴读

不妄自尊大、待人友好，这一点在日常交往中，我们大多都能注意到。而“不可太亵狎”，我们往往会忽略。特别是年轻人在交往中，由于年龄相仿，彼此间说话开玩笑便不加考虑，很多时候会引起不快。可见，不管多么亲近的朋友，都要讲究相处的艺术，这样才会更好地维持友谊。

以才德服人

原文

行高人自重，不必其貌之高；才高人自服，不必其言之高。

译文

德行高尚之人自然会受到人们的尊重，不一定他的容貌有多漂亮、外表有多魁梧；才学高深之人自然会受到人们的敬服，不一定他的言论有多么高明。

鉴读

每个人都希望被人尊敬，因为一个人受尊敬的程度往往能证明其价值的大小。然而，怎样才能得到更多的尊敬呢？首先我们要加强自身的修养。真正值得敬重的人，往往不是那些拥有极佳外貌、口才或更多财富、知识的人，而是才德厚重的人。做一个德才兼备的人，你才能赢得更多的掌声。

居乡不可奢华

原文

居于乡曲，舆马衣服不可鲜华。盖乡曲亲故，居贫者多，在我者孑然异众，贫者羞涩，必不敢相近，我亦何安之有？此说不可与口尚乳臭者言。

译文

居住在乡里，乘驾的车马、穿戴的衣服不要光鲜华丽。因为乡里的亲朋旧友大多都生活贫困，而我们孤立出来，和众人不一样，贫困的人会感到羞涩，必定不会亲近我们，我们又怎么能安心？这些话不必和乳臭未干的年轻人说。

鉴读

进入一个新环境，要想更快地赢得良好的人际关系，首先要做到尽量和这里的人保持格调一致。这无关乎个性问题，君不见许多人因与新环境格格不入，而终日抑郁寡欢。因此，在不失原则的基础上，尽量让自己平易一些，这是一个生存技巧。

人不可沉迷情欲

原文

子弟有耽于情欲，迷而忘返，至于破家而不悔者，盖始于试为之，由其中无所见，不能识破，则遂至于不可回。

译文

年轻人沉迷于情欲之中，迷途忘返，甚至于败坏家业也不知悔改。这些人一开始大概只是想尝试一下，可由于内心没有远见，不能识破事态的严重性，于是最后陷入了不可挽回的境地。

人不可沉迷情欲

鉴读

人非草木，孰能无情。然而情感不同于情欲。情感是社会化的，高尚、健康的情感能催人向上。情欲则是更原始的、始于自然生理的。人如果耽于此种欲望，与其他动物又有何不同？学会克制欲望，生活在理智的光辉下，我们的人生才会更美好。

子弟应适当交游

原文

世人有虑子弟血气未定，而酒色博弈之事，得以昏乱其心，寻至于失身破家，则拘之于家，严其出入，绝其交游，致其无所见闻，朴野蠢鄙，不近人情。殊不知此非良策。禁防一弛，情窦顿开，如火燎原，不可扑灭。况居之于家，无所用心，却密为不肖之事，与出外何异？不若时其出入，谨其交游，虽不肖之事习闻既熟，自能识破，必知愧而不为。纵试为之，亦不至于朴野蠢鄙，全为小人之所摇荡也。

译文

世人考虑到年轻人尚未成年，血气还不稳定，酒色赌博这些事物，足以使他们心神错乱、逐渐沉沦，最后丧失自我，败坏家业。于是长辈就把年轻人管束在家中，严格控制他们的出入，断绝他们和外界的来往，使这些年轻人无所见闻，愚蠢鄙陋，不懂人情事理。难道大人们不知道这么做绝非好的办法吗？一旦受到的管教松弛了，这些年轻人的情欲就会顿时爆发，好比燎原之火，无法扑灭。况且他们深居家中，每日无所事事，就会想着偷偷做些不该做的事，这样的话又和他们在外面有什么不同？不如按时让他们出去，让他们谨慎交友，对于不该做的事，年轻人眼见耳闻得多了，自然能够识别出来，必定知道羞愧从而不会去做。即使尝试去做这样那样的事，也不至于愚蠢鄙陋，完全受小人的左右和利用。

鉴读

父母要引导孩子如何与人交往，帮助他们树立正确的人生观，教给他们生存的本领，来适应这个复杂多变的社会。如果一味地限制孩子的正常交往，把他们关在家里，这的确减少了孩子学坏的可能性，但也容易使他们缺乏正确的是非观念，形成孤僻的性格。那样，孩子走入社会后也很难适应，其后果更为可怕。

持家宜量入为出

原文

起家之人，易为增进成立者，盖服食器用及吉凶百费，规模浅狭，尚循其旧，故日入之数，多于日出，此所以常有余。富家之子，易于倾覆破荡者，盖服食器用及吉凶百费，规模广大，尚循其旧，又分其财产立数门户，则费用增倍于前日。子弟有能省用，速谋损节犹虑不及，况有不之悟者，何以支持乎？古人谓“由俭入奢易，由奢入俭难”，盖谓此尔。大贵人之家尤难于保成。方其致位通显，虽在闲冷，其俸给亦厚，其馈遗亦多，其使令之人满前，皆州郡廪给，其服食器用虽极华侈，而其费不出于家财。逮其身后，无前日之俸给、馈遗使令之人，其日用百费非出家财不可。况又析一家为数家，而用度仍旧，岂不至于破荡？此亦势使之然，为子弟者各宜量节。

译文

发家致富的人，之所以能使财富日益增长、奠定家业，就是因为他们在服饰、饮食、器皿、用具以及在喜事丧事的操办和各种日用的花费上都很朴素收敛，依旧遵循往日（还没发家时）的做法，因此，每天的钱财收入要多过支出，这就使他们能经常有所富余。富家子弟之所以容易倾家荡产，就是因为他们在服饰、饮食、器皿、用具以及在喜事丧事的操办和各种日用的花费上太过奢侈，总是因循旧例，并且家里的兄弟又各分财产、各立门户，于是花费比以往增加数倍。兄弟当中有的人能节省费用，作长远打算，恐怕还来不及呢，何况有的人还没明白这道理，这要如何支撑家业呢？古人说：“从节俭变为奢侈容易，从奢侈变回节俭困难。”说的就是这种情况。大富大贵的人家都难以确保家业不会衰败。当他们身份显赫的时候，即使担任的是闲职，国家发给的俸禄也十分丰厚，别人馈赠的财物也很多，他们的差役仆从的费用，都是由州郡的府库供给，他们的服饰、饮食、器皿、用具虽然都极其奢华，但那些费用并不是出自自家的钱财。等到这些官员的子孙一代，没有父祖辈做官时国家拨给的俸禄，也没有别人送的钱财。差役仆从的薪水，生活中的百用，都要从家产里支出。况且子孙们又把一大家分成数家，而各家的用度还和往昔一样，怎么能不倾家荡产呢？这也是形势使然，因此年轻人都应节约朴素、勤俭持家。

鉴读

量入为出，反对奢靡，治国、治家都该如此。《红楼梦》中大观园被查抄之后，贾政查看历年收支账簿发现“所入的

不敷所出，又加连年宫里花用，账上有在外浮借的也不少。再查东省地租，近年所交不及祖上一半，如今用度比祖上更加十倍”。他不由感慨：“岂知好几年头里已就寅年用了卯年的，还是这样装好看，竟把世职俸禄当作不打紧的事情，为什么不败呢！我如今要就省俭起来，已是迟了。”现代生活中，适量的消费、享受生活，对个人、对家庭都是应该的，但协调好收入和支出的比例更是十分必要的。量入为出，是家业长久兴旺之重要根本，对于一个国家来说亦是如此。

居家宜俭

节俭应持之以恒

原文

人有财物，虑为人所窃，则必缄縢扃鐍，封识之甚严。虑费用之无度而致耗散，则必算计较量，支用之甚节。然有甚严而有失者，盖百日之严，无一日之疏，则无失；百日严而一日不严，则一日之失与百日不严同也。有甚节而终至于匮乏者，盖百事节而无一事之费，则不至于匮乏，百事节而一事不节，则一事之费与百事不节同也。所谓百事者，自饮食、衣服、屋宅、园馆、舆马、仆御、器用、玩好，盖非一端。丰俭随其财力，则不谓之费。不量财力而为之，或虽财力可办，而过于侈靡，近于不急，皆妄费也。年少主家事者宜深知之。

译文

人们获取了财物又害怕被人盗窃，就会将其捆绑好，封锁起来，贴上严实的封条和标记。担心花费用度没有节制而耗尽家财，就会精打细算，节约费用。然而有人虽然对日常花销经营得很严格谨慎，可还是破了产，这是因为要确保一百天都要严格谨慎，没有一天有疏忽，才不会破产；一百天的严格谨慎，只因为一天的松懈，那么这一天的松懈就和一百天的松懈没什么两样。有人很节俭，但最终还是到了贫穷困乏的地步，这就是因为在各种事情上都节俭，没有一件事情存在浪费，才不至于会贫穷困乏；各种事情都很节俭，却有一件事做得很奢侈，那么一件事情的奢侈和各种事情都很奢侈没什么两样。这里说的各种事情，包括饮食、服饰、住宅、园林、馆舍、车马、仆役、器用、古玩，不是几句话能说清的。在这些事情上的花费，丰富还是节俭能按自身财力来定，就不算是浪费。不按自己的财力去做，或是虽然足够的财力但是过于奢华靡丽，在不是紧急待办的事务上破费，都是胡乱花费。主持家事的年轻人要深深理解这一道理。

鉴读

当家理财要以节俭为原则，有些人虽然自认为节俭，但持家还是没有收到好的效果，这是因为他们认为偶尔奢靡无关紧要，虽勤俭却不能持之以恒的缘故。袁采指出正是这种疏忽造成了有些人的倾家荡产。而要真正做到勤俭持家，就必须年复一年，日复一日地坚持勤俭，就必须在每一件事，每一个细节上坚持勤俭。他认为，日常花费要依据自己财力大小来定，量力而行，即使财产丰足，也不可奢侈，这样坚持下去才能保持家业兴旺发达。在个人、家庭消费上，我们并不主张做守财奴，但袁采这种坚持节俭的理财主张，对于今天的我们仍有一定的实用价值。

周济当择人

原文

人有患难不能济，困苦无所诉，贫乏不自存，而其人朴讷怀愧，不能自言于人者，吾虽无余，亦当随力周助。此人纵不能报，亦必知恩。若其本非窘乏，而以干谒为业，挟持便佞之术，遍谒贵人富人之门，过州干州，过县干县，有所得则以为己能，无所得则以为怨仇。在今日则无感恩之心，在他日则无报德之事，正可以不恤不顾待之。岂可割吾之不敢用，以资他之不当用？

译文

有人遭遇了无法渡过的劫难，艰难困苦无处诉说，贫穷得无法生活，而这人又质朴木讷，心底惭愧，难以亲自向人开口求助。对此，我虽然经济也不是很宽裕，也还是要尽力地帮助他。他即使无力回报，也一定会记得我的恩情。如果有人本身并不贫困，却以到处参拜权贵为事业，阿谀奉承，为求得施舍，踏遍了富贵人家的门，不管是经过州还是县，他都这么做，得到人家的施舍就认为是自己有才能，得不到人家的施舍就把人家当成仇家。这种人如今不会心存感激，他日也不会想着报恩报德，对这种人完全可以忽视他。怎能拿出我都不舍得用的钱财，去支持他做不该做的事呢？

鉴读

扶危济困固然是好事，但也不可盲目，应该有所选择、有所区别，帮助那些善良无助、真正需要帮助的人。至于那些本有生活能力却只想坐享其成的人，我们在伸出友爱之手前，一定要想清楚应该给予他哪些方面的帮助为好。其次，帮助他人也要讲究方法，“授人以鱼，不如授人以渔”。比如，我们现在的扶贫工作，给予物质帮助固然是最为直接的方式，但更为长远的方法是“给予”贫困地区脱贫的方法，如注入产业、给予技术指导等。

不可轻受人恩

原文

居乡及在旅，不可轻受人之恩。方吾未达之时，受人之恩，常在吾怀，每见其人，常怀敬畏，而其人亦以有恩在我，常有德色。及吾荣达之后，遍报则有所不及，不报则为亏义，故虽一饭一缣，亦不可轻受。前辈见人仕宦而广求知己，戒之曰：“受恩多，则难以立朝。”宜详味此。

译文

居住在乡里以及出行在外地，都不能轻易接受别人的恩惠。当我没有发达的时候，受了别人的恩惠，应时刻记在心里，每次见到我的恩人，都心怀敬意，而那人也认为自己对我有恩，便常常流露出自己有恩于人的神色。等到我拥有荣华富贵以后，很难一一报答所有有恩于我的人，但不报答别人的恩情在道理上又说不过去，因而即使是别人的一顿饭、一丝绢，也不能轻易接受。见多识广的前辈看见有人任官时广求知己，告诫他说："受人恩惠过多，就很难在官场立足。"应该好好地体会这句话。

鉴读

袁采这条"不可轻受人恩"的训诫，在今天看来也有它的可取之处。生活中我们也常有这样的经验，受了别人的小恩小惠，办起事来就会碍于情面，受人牵制，最后还是自己吃了大亏。作为国家公务人员更应该警惕这一点，切不可接受别人的请客送礼，否则在执行公务时，难免受人牵制，做出徇私之事。

人情固有厚薄

原文

人有居贫困时，不为乡人所顾，及其荣达，则视乡人如仇雠。殊不知乡人不厚于我，我以为憾；我不厚于乡人，乡人他日亦独不记耶？但于平时薄我者，勿与之厚，亦不必致怨。若其平时不与吾相识，苟我可以济助之者，亦不可不为也。

译文

有人处在贫困的时候，未能得到乡里人的照顾，等到他荣耀显达以后，就把乡人看成仇人。殊不知乡里人当初不厚待我，我有怨恨；我不厚待乡里人，乡里人将来不也就记我的仇了吗？对那些平日里轻视我的人，不用跟他来往，也不必结怨。对那些素不相识的乡里人，如果我可以提供帮助，那就一定要帮助他。

鉴读

世态炎凉，人情冷暖，自古莫不如此。对于人情世故，不必斤斤计较。睚眦必报，必有失豁达大度的风度。宽容仁厚才会更加受人尊重。

以直报怨

原文

圣人言“以直报怨”，最是中道，可以通行。大抵以怨报怨，固不足道，而士大夫欲邀长厚之名者，或因宿仇，纵奸邪而不治，皆矫饰不近人情。圣人之所谓直者，其人贤，不以仇而废之；其人不肖，不以仇而庇之。是非去取，各当其实。以此报怨，必不至递相酬复无已时也。

译文

圣人说：“凭正直之心，对待人们的怨恨。”这句话最合乎中庸之道，可以通用。一般来说，以怨报怨的做法固然不值得称道，但一些士大夫为了博取仁厚宽长的名声，就会放纵奸邪之人而不加以惩治，这都是虚假而又不合情理的做法。圣人所说的正直，就是对于贤德之人，不因为仇怨而加以废弃；对于品行不好的人，也不会因为仇怨而有所袒护。是非取舍，都按实际情况来断定。以直报怨，就不至于无休止地相互报复了。

鉴读

冤冤相报，是最不明智的选择，而以直报怨不但能反映

管仲辅佐齐桓公

出一个人不计前嫌，宽容大度的品格，也可以改善人际关系。春秋时，齐桓公不记管仲的一箭之仇，重用他让他帮助自己治理齐国，最终称霸诸侯。

治家

穷盗勿急追

原文

夜间觉有盗，便须直言："有盗。"徐起逐之，盗必且窜。不可乘暗击之，恐盗之急以刀伤我，又误击自家之人。若持烛见盗，击之犹庶几，若获盗而已受拘执，自当准法，无过殴伤。

译文

夜间察觉到有小偷，就要大声直呼："有小偷！"然后慢慢起身追赶。小偷听到喊声必然会狼狈逃窜。这时不要摸黑追打，以防小偷在情急之下会拿刀刺伤自己，并错伤家人。如果手持蜡烛和小偷遭遇，便可以动手打他；如果盗贼已经被逮捕，应当依法办事，不可过度殴打他。

鉴读

古语有"穷寇勿追"，因为人情急之下可能会无所顾忌，什么事都干得出来。这则家训说明两个道理：无论做何事都要有方法，找一个最有效的途径解决问题；某些情况下，千万不要痛打落水狗、得理不让人。

失物不可胡乱猜疑

原文

家居或有失物，不可不急寻。急寻，则人或投之僻处，可以复收，则无事矣。不急，则转而外出，愈不可见。又不可妄猜疑人，猜疑之当，则人或自疑，恐生他虞；猜疑不当，则正窃者反自得意。况疑心一生，则所疑之人揣其行坐辞色皆若窃物，而实未尝有所窃也。或已形于言，或妄有所执治，而所失之物偶见，或正窃者方获，则悔将何及？

译文

居家过日子，有时会丢失东西，丢了东西后，必须要立马寻找。若及时寻找，偷窃之人看见形势太紧，或许就会把东西放在偏僻的地方，你就可以把失物找回，最后相安无事。如果东西丢了，主人不去马上寻找，丢失的东西就会被小偷转手出去，这就更难找到了。此外，丢失了东西，不要对人妄加猜测。因为，假如猜得对，小偷就会心虚，这恐怕会生出其他的麻烦；如果没猜对，小偷反而会很得意。何况疑心一旦产生，那么被你怀疑的人的言谈举止、面部神色在你看来都会表现得像小偷，但实际上他并没有偷过东西。有时你表露了自己的怀疑，又或者将被怀疑的人胡乱抓去问罪，而丢失的东西却又找到了，或者是真正的小偷刚巧被抓获，这时你再后悔也没用了。

鉴读

丢了东西的确不应乱怀疑别人，因为这样既不利于寻找

丢失的东西也会破坏良好的人际关系。同时这也说明一个道理，遇事不可疑心过重，应理智地寻找解决问题的最好方法。

和睦邻居以防不虞

原文

居宅不可无邻家，虑有火烛，无人救应。宅之四围，如无溪流，当为池井，虑有火烛，无水救应。又须平时抚恤邻里有恩义。有士大夫平时多以官势残虐邻里，一日为仇人刃其家，火其屋宅。邻里更相戒曰："若救火，火熄之后，非惟无功，彼更讼我，以为盗取他家财物，则狱讼未知了期。若不救火，不过杖一百而已。"邻居甘受杖而坐视其大厦为灰烬，生生之具无遗。此其平时暴虐之效也。

译文

住宅周围一定要有邻居。不然，一旦发生火灾，都没人前来救应。住宅的四周，如果没有溪流，应该挖好水池或水井，否则，一旦失火，都没有水用来扑火。此外，平时还应该搞好邻里关系，时常照顾邻居。有位士大夫平日仰仗权势欺压邻里。一天，有仇家来杀他的家人，放火烧他的房子，邻居不但不救，反而相互告诫说："如果大家去救火，火被扑灭后，他不但不会肯定我们的功劳，反而还会诬告我们偷了他家的钱财，那样的话会有打不完的官司。如果我们不去救火，最多被打一百杖而已。"邻居们甘愿被挨打，也不去救火，眼看着那位士大夫的家烧成灰烬，一件件器物都燃烧殆尽。这就是他平日里残害邻里百姓的报应。

鉴读

俗话说：“远水难救近火，远亲不如近邻。”邻里间平时可互相照看，紧急时可互相帮助。但也因邻里间接触机会较多，会因一些小事发生纠葛，这就要求彼此互相体恤、谅解，不要伤了和气。

用人当选忠厚者

原文

干人有管库者，须常谨其簿书，审见其存。干人有管谷米者，须严其簿书，谨其管钥，兼择谨畏之人，使之看守。干人有贷财本兴贩者，须择其淳厚，爱惜家业，方可付托。盖中产之家，日费之计犹难支吾，况受佣于人，其饥寒之计，岂能周足？中人之性，目见可欲，其心必乱，况下愚之人，见酒食声色之美，安得不动其心？向来财不满其意而充其欲，故内则与骨肉同饥寒，外则视所见如不见。今其财物盈溢于目前，若日日严谨，此心姑寝。主者事势稍宽，则亦何惮而不为？其始也，移用甚微，其心以为可偿，犹未经虑。久而主不之觉，则日增焉，月益焉，积而至于一岁，移用已多，其心虽惴惴，无可奈何，则求以掩覆。至二年三年，侵欺已大彰露，不可掩覆。主人欲峻治之，已近噬脐。故凡委托干人，所宜警此。

译文

对于管理仓库的差役，必须时常核查他的账本，检查库里存放的东西。对于管理粮食的差役，必须严格地核查他的账本，提醒他掌管好粮仓的钥匙，一定要选择谨慎负责的人来从事仓库的管理工作。对于放贷及买卖这种事，一定要选择忠厚淳朴、吝惜家财的人来做，这种人才值得托付。因为就算是拥有中等财富的人家，每天的花费都难以支付，更何况是受雇佣的人，他们连温饱问题都不能解决。这样一看，品性平庸的人发现自己想要的东西，必然会生贪念，更不用说那些身份低微、举止愚笨之人了。他们看见好酒好肉、歌舞女色，怎么会不心动？这些人手中的财富从来都不能填满自身的要求和欲望，因此，他在家时只能和家人一起忍冻受饿，在外时则对别人的财物和成就装作没有看见。现在，如此多的财物充塞在他们眼前，如果主人每天都严格监管，他的贪心也只好作罢。如果主人稍微放松监督，那他私吞财物起来还担忧什么呢？他一开始只是挪用很少的财物，觉得日后应该能够偿还得起，就没怎么考虑。但是时间一长，而主人又没有察觉，那他就胆大了起来，挪用的财物每日每月都在增

检查仓库

加。就这样日积月累，到了一年后，他挪用的财物已经很多了。他心中虽然担惊受怕，但又无法改变事实，只有想方设法加以掩盖。等过了二三年，他侵吞财务，欺瞒世人的行为已经暴露无遗，无法掩盖。而此时，主人虽然要严厉地惩治他，单页于事无补了。所以，主人要管理好仓库，都要以此为警戒，慎重用人。

鉴读

在物质诱惑面前，人性的弱点往往更容易暴露，因此，管理者要制定有效的规则、制度来进行管理。另外，在用人上，企业管理者要注意选择德才兼备的员工。只有品质过硬者，方可委以重任。

无故不可举债

原文

凡人之敢于举债者，必谓他日之宽余可以偿也。不知今日之无宽余，他日何为而有宽余？譬如百里之路，分为两日行，则两日可办；若欲以今日之路使明日并行，虽劳苦而不可至。凡无远识之人，求目前宽余而那积在后者，无不破家也。切宜鉴此！

译文

大凡敢于借债的人，肯定会说将来手头宽裕了必定偿还。这种人一定不知道，今天都没有宽裕，将来怎么能宽裕呢？这就像一百里的路程，分成两天走，那两天就能走完；可如果把今天该走的路放到明天一起走，纵然你艰苦卖力，也到达不了目的地。凡是看不到长远的人，为了求取当前的宽裕而使得日后负债累累，这类人没有不败家的。人们务必以此为鉴！

鉴读

诺不可轻许，倘日后兑现不了，有失信义；债不可轻举，倘来日偿还不了，一来自己压力大，二来影响人与人之间的关系。人无远虑，必有近忧！

热心公益事业

原文

乡人有纠率钱物以造桥、修路及打造渡航者，宜随力助之，不可谓舍财不见获福而不为。且如造路既成，吾之晨出暮归，仆马无疏虞，及乘舆马、过渡桥，而不至惴慄者，皆所获之福也。

译文

乡里有人号召大家募捐钱财建桥、修路以及打造渡船的，大家都应该根据自己的能力资助这些事业。不能说自己捐出了钱又得不到好处，因而不去干这样的事。况且如果道路修好了，你早出晚归，仆人、马匹都不会有危险，至于你乘车马、过渡桥，也不至于担心害怕，这都是你所获得的好处。

鉴读

做公益事业相当于储蓄。这储蓄有时能很快见利于己，如造桥、修路；有时不能马上受益甚至长久见不到利益。但热心公益，始终是一件利人利己之事。

修路利民

建造房屋需量力

原文

起造屋宇，最人家至难事。年齿长壮，世事谙历，于起造一事犹多不悉，况未更事？其不因此破家者几希。盖起造之时，必先与匠者谋。匠者惟恐主人惮费而不为，则必小其规模，节其费用。主人以为力可以办，锐意为之，匠者则渐增广其规模，至数倍其费，而屋犹未及半。主人势不可中辍，则举债鬻产；匠者方喜兴作之未艾，工镪之益增。余尝劝人起造屋宇须十数年经营，以渐为之，则屋成而家富自若。盖先议基址，或平高就下，或增卑为高，或筑墙穿池，逐年渐为之，期以十数年而后成。次议规模之高广，材木之若干，细至椽、桷、篱、壁、竹、木之属，必籍其数，逐年买取，随即斫削，期以十数年而毕备。次议瓦石之多少，皆预以余力积渐而储之。虽僦雇之费，亦不取办于仓卒，故屋成而家富自若也。

译文

修建房屋是家中最难操办的事情。多数年纪较大、阅世很深的人对建房子一事尚且不熟悉，更不用说没怎么经历世事的人了。这些人很少有不是因为修建房屋而荡尽家财的。因为在准备建房的时候，首先必须和工匠们商量。而工匠们唯恐主人担心耗钱太多而打退堂鼓，于是他们在做预算时，必定会减少预算的金额，“降低”建房的费用。这时房子的主人往往信以为真，以为凭家中的财力能够修建，于是就下定决心造房子。一旦破土动工，工匠们就逐渐扩大房屋的规模，建房的费用也超出了预算的好几倍，而房子的一半都还没建成。这个时候，主人也是覆水难收，不能中止，只好四下借债，变卖家产，以此维持建房费用。工匠们则刚刚为房子工程才起步而感到高兴，索取的工钱也越来越多。我曾经劝告他人，盖房子最好花十多年时间，一年一年逐渐完成，这样房屋建成了，家里还能富裕如初。建造房子首先要商议建房的基址，是选在高处、面临低处，还是在低处把地基建高，是否需要筑墙穿河，这些都要逐年去做，历经十几年才能完成。其次要商议规模的宽高，然后准备若干林木，甚至于细致到椽子、桷子、篱、壁木、竹子、木材之类都应逐年购置准备齐全，随后砍削处理，历经十多年方能准备齐全。然后再商议所需瓦石的多少，而这都要凭借自己的余力逐渐积累储备。宁可花钱载运一些物品储存起来，也不能在没有充足把握的情况下仓促去办，这样的话，房子盖好了，家中仍会像当初一样富裕。

鉴读

有重大花销时，应谨慎从事，方能保证家业兴旺不衰。

二十四孝故事

百善孝为先。孝道自古至今一直是中华民族最重要的道德准则和传统美德。二十四孝故事由元代的郭居敬编录，后配以图画，成为一本广为流传、妇孺皆知的通俗读物。

一、孝感动天——虞舜

虞舜。瞽叟之子。性至孝。父顽母嚚。弟象傲。舜耕于历山。有象为之耕。有鸟为之耘。其孝感如此。帝尧闻之。事以九男。妻以二女。遂以天下让焉。系诗颂之。

诗曰。对对耕春象。纷纷耘草禽。嗣尧登帝位。孝感动天下。

虞舜孝感天地

二、亲尝汤药——西汉文帝刘恒

西汉文帝。名恒。高祖第三子。初封代王。生母薄太后。帝奉养无担。母尝病三年。帝目不交睫。衣不解带。汤药非亲尝弗进。仁孝闻于天下。系诗颂之。

诗曰。仁孝闻天下。巍巍冠百王。母后三载病。汤药必先尝。

三、啮指心痛——周朝曾参

周。曾参。字子舆。事母至孝。参曾采薪山中。家忽有客至。母无措。望参不还。乃啮其指。参忽心痛。负薪以归。跪问其母。母曰。有客忽至。吾啮指以悟汝耳。后人系诗颂之。

诗曰。母指方缠啮。儿心痛不禁。负薪归未晚。骨肉至情深。

四、单衣顺母——周朝闵子骞

周。闵损。字子骞。早丧母。父娶后母。生二子。衣以棉絮。闵损。衣以芦花。一日。父令损御车。体寒失鞭。父察知其故。欲出后母。损曰。母在一子单。母去三子寒。后母闻之。卒悔改。系诗颂之。

诗曰。闵氏有贤郎。何曾怨后娘。车前留母在。三子免风霜。

五、负米养亲——周朝子路

周。仲由。字子路。家贫。尝食黍薯之食。为亲负米百里之外。亲殁。南游于楚。从车百乘。积粟万钟。累褥而坐。列鼎而食。乃叹曰。虽欲食黍薯之食。为亲负百里之外。不可得也。有诗为颂。

诗曰。负米供甘旨。宁辞百里遥。身荣亲已没。犹念旧劬劳。

六、卖身葬父——汉朝董永

汉。董永家贫。父死。卖身贷钱而葬。及去偿工。途遇一妇。求为永妻。俱至主家。主令织布三百疋。始得归。妇织一月而成。归至槐阴会所。遂辞永而去。有诗为颂。

诗曰。葬父贷孔兄。仙姬陌上逢。织布偿债主。孝感动苍穹。

七、鹿乳奉亲——周朝郯子

周。郯子。性至孝。父母年老。俱患双目。思食鹿乳。郯子乃衣鹿皮。往深山群鹿之中。取鹿乳供亲。猎者见而欲射之。郯子俱以情告。乃免。有诗为颂。

诗曰。亲老思鹿乳。身穿褐毛衣。若不高声语。山中带箭归。

八、行佣供母——后汉江革

后汉江革。少失父。独与母居。遭乱。负母逃难。数遇贼。或欲劫之去。革辄泣告有母在。贼不忍杀。转客下邳。贫穷裸跣。行佣以供母。母使身之物。莫不毕给。有诗为颂。

诗曰。负母逃危难。穷途贼犯频。告知方获免。佣力以供亲。

九、怀橘遗亲——后汉陆绩

后汉陆绩。字公纪。年六岁。至九江见袁术。术出橘待之。绩怀橘二枚。及归拜辞堕地。术曰。陆郎作宾客而怀橘乎。绩跪答曰。吾母性之所爱。欲归以遗母。术大奇之。有诗为颂。

诗曰。孝悌皆天性。人间六岁儿。袖中怀橘实。遗母报深慈。

十、乳姑不怠——唐朝唐夫人

唐。崔南山。曾祖母长孙夫人。年高无齿。祖母唐夫人。每日栉洗升堂。乳其姑。奶不粒食。数年而康。一日病。长幼咸集。乃宣言曰。无以报新妇恩。愿子孙妇。如妇之孝敬足矣。有诗为颂。

诗曰。孝敬崔家妇。乳姑晨盥梳。此恩无以报。愿得子孙如。

十一、恣蚊饱血——晋朝吴猛

晋。吴猛。年八岁。事亲至孝。家贫。榻无帷帐。每夏夜。蚊多潜肤。恣取膏血之饱。虽多不驱之。恐其去以而噬亲也。爱亲之心至矣。有诗为颂。

诗曰。夏夜无帷帐。蚊多不敢挥。恣取膏血饱。免使入亲帏。

十二、卧冰求鲤——晋朝王祥

晋。王祥母丧。继母朱氏。不慈。父前数谮之。由是失爱于父。母欲食鲜鱼。时天寒地冻。祥解衣。卧冰求之。冰忽自解。双鲤跃出。持归供母。有诗为颂。

诗曰。继母人间有。王祥天下无。至今河上水。留得卧冰模。

十三、为母埋儿——汉朝郭巨

汉。郭巨家贫。有子三岁。母尝减食与之。巨谓妻曰。贫乏不能供母。子又分父母之食。盍埋此子。巨逐掘坑三尺。得黄金一釜。上云。官不得鰢。民不得夺。有诗为颂。

诗曰。郭巨思供亲。埋儿为母存。黄金天所赐。光彩照寒门。

十四、搤虎救父——晋朝杨香

晋。杨香年十四。常随父丰往田间获粟。父为虎曳去。时杨香手无寸铁。惟知有父而不知有身。踊跃向前。搤持虎颈。虎亦靡然而逝。父方得免于害。有诗为颂。

诗曰。深山逢白额。努力搏腥风。父子俱无恙。脱身馋口中。

十五、弃官寻母——宋朝朱寿昌

宋。朱寿昌七岁。生母刘氏。为嫡母所妒。复出嫁。母子不相见者五十年。神宗朝弃官入秦。与家人诀。谓不寻见母。誓不复还。后行次同州得之。时母年已七十有余。有诗为颂。

诗曰。七岁离生母。参商五十年。一朝相见后。喜气动皇天。

十六、尝粪忧心——南齐庚黔娄

南齐。庚黔娄为孱陵令。到县未旬日。忽心惊流汗。及弃官归。时父疾始二日。医曰。欲知愈剧。但尝粪。苦则佳。黔娄尝之。甜。心甚忧之。至夕。稽颡北辰。求以身代父死。有诗为颂。

诗曰。到县未旬日。椿庭遘疾深。愿将身代死。北望起忧心。

十七、戏彩娱亲——周朝老莱子

周。老莱子性至孝。奉养二亲。备极甘脆。行年七十。言不称老。常着五彩斑斓之衣。为婴儿戏于亲侧。又常取水上堂。诈跌卧地。作婴儿啼以娱亲。有诗为颂。

诗曰。戏舞学骄痴。春风动彩衣。双亲开口笑。喜气满庭帏。

十八、拾桑供母——汉朝蔡顺

汉。蔡顺少孤。事母至孝。遭王莽乱。岁荒不给拾桑。以异器盛之。赤眉贼见而问之。顺曰。黑者奉母。赤者自食。贼悯其孝。以白米三斗。牛蹄一只与之。有诗为颂。

诗曰。黑桑奉萱帏。饥啼泪满衣。赤眉知孝意。牛米赠君归。

十九、扇枕温衾——汉朝黄香

汉。黄香。年九岁。失母。思慕惟切。乡人称其孝。香躬执勤苦。一意事父。夏天暑热。扇凉其枕席。冬天寒冷。以身暖其被褥。太守刘护表而异之。有诗为颂。

诗曰。冬月温衾暖。炎天扇枕凉。儿童知子职。千古一黄香。

二十、涌泉跃鲤——汉朝姜诗

汉。姜诗。事母至孝。妻庞氏。奉姑。尤谨。母性好饮江水。去舍六七里。妻出汲而奉母。又嗜鱼脍。夫妇常作之。又不能独食。召邻母供食之。后舍侧忽有涌泉。味如江水。日跃双鲤。诗时取以供母。有诗为颂。

诗曰。舍侧甘泉出。朝朝双鲤鱼。子能恒孝母。妇亦孝其姑。

二十一、闻雷泣墓——三国（魏）王裒

魏。王裒事母至孝。母存日。性畏雷。既卒。殡葬于山林。每遇风雨。闻阿香响震之声。即奔墓所跪拜。 泣告曰。裒在此。母亲勿惧。有诗为颂。

诗曰。慈母怕闻雷。冰魂宿夜台。阿香时一震。到墓绕千回。

二十二、刻木事亲——汉朝丁兰

汉。丁兰幼丧父母。未得奉养。而思念劬劳之恩。刻木为像。事之如生。其妻久而不敬。以针戏刺其指。则出血。木像见兰。又眼中垂泪。兰问得其情。将妻出弃之。有诗为颂。

诗曰。刻木为父母。形容如在时。寄言诸子侄。各要孝亲帏。

二十三、哭竹生笋——三国孟宗

三国。孟宗。字恭武。少孤。母老病笃。冬月思笋煮羹食。宗无计可得。乃往竹林中。抱竹而泣。孝感天地。须臾地裂。出笋数茎。归持。作羹奉母。食毕疾愈。有诗为颂。

诗曰。泪滴朔风寒。萧萧竹数竿。须臾冬笋出。天意报平安。

二十四、涤亲溺器——宋朝黄庭坚

宋。黄庭坚。号山谷。元佑中为太史。性至孝。身体贵显。奉母尽诚。每夕亲自为洗涤溺器。未曾有一刻不供人子之职。有诗为颂。

诗曰。贵显闻天下。平生事孝亲。不辞常涤溺。焉用婢生嗔。